皆木和義 著

顏雪雪 譯

制霸天下的經營管理法則

名將的戰略

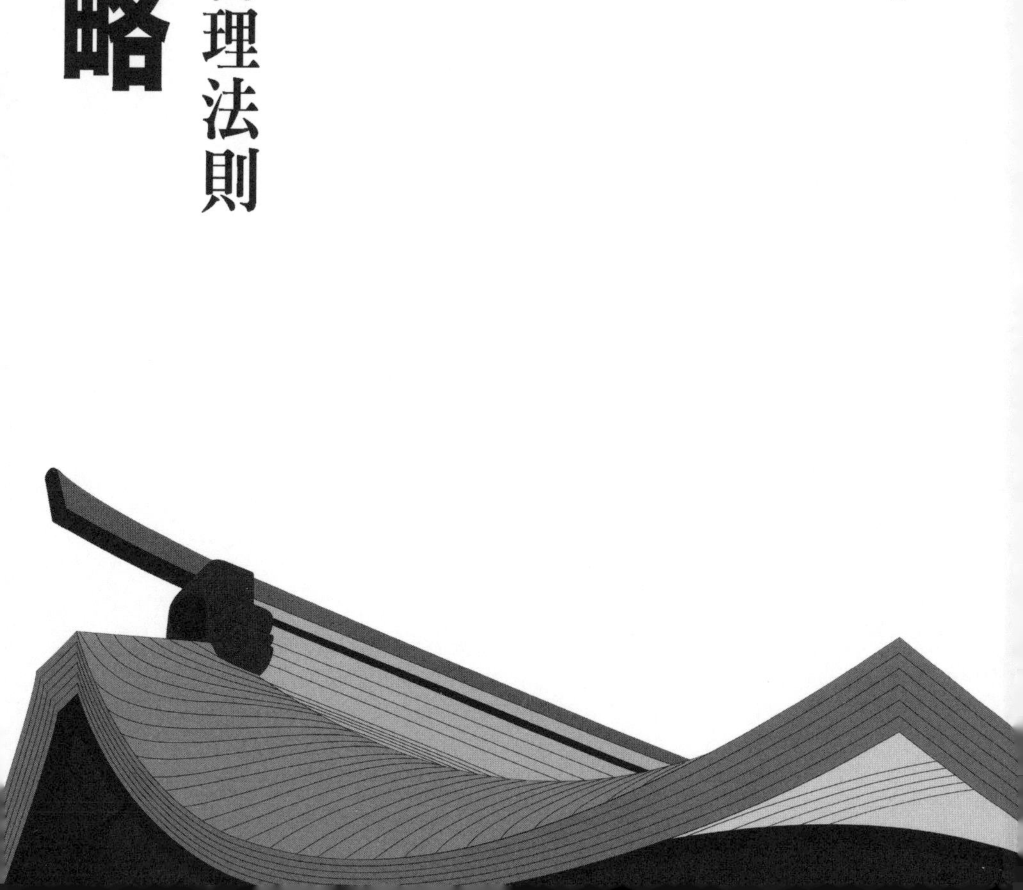

前言

不論身處於什麼時代，每個人都應該有所謂立場或命運。

無論是這本書中列舉的人物，還是活在現代的我們都一樣。

也就是說「天時、地利、人和」的「天、地、人」，會因為每個人的立場不同而產生相異的結果。

本書中所列舉的名將，都在各自的狀況中，為了國家、領土、藩領拚命地努力生存，賭上國家興亡與個人生死，用盡氣力活下去。

根據《大辭泉》的解釋，所謂的名將是指「優秀的武將、有名的大將」，在本書中，我將之轉換為有名的領導者、優秀的領導者來使用。

也就是說，名將就是「名領導者」。

由於我的工作重點是協助希望股票上市或有所發展的公司，為它們制定成長戰略，使它們重建企業或改革經營方式，所以我也會在本書中提出可供企業參考的方法。

在這層意義上，這本書就是我活用這些名將的指南。

我所列舉的真田信繁（幸村）、信長、秀吉和家康等人，在過去已經有許多作家或歷史學者以各種形式書寫和評論過他們了。

搞不好有上百個作家寫過也說不定，或許還超過這個數字。

不過，雖然在書中關於他們的史實與軼事等內容沒什麼改變，但我書寫的觀點會從自身的角度出發，來看我們要如何活用這些名將的哲學、思考方法、視野與戰術，如何將他們的啟示運用在現代的商業活動裡。

真田三代（昌幸、信幸、信繁）被織田信長、豐臣秀吉、德川家康等具有壓倒性實力的強者玩弄在鼓掌間，但他們是如何倖存下來，這件事情就和「中小企業或初創企業要如何生存」是非常類似的。

透過真田三代人物的生存方式與生存型態，藉以思考真田式生存術，像是如何在以小搏大的戰爭中獲得勝利並生存下去、到底要和誰合作、合縱連橫的做法是什麼等等，這些可以說是「真田魂」的展現。

此外，我也想嘗試從戰國三英傑：信長、秀吉、家康等人出發，思考成功的原理以及得到天下的戰略與手法。

我也會從人的一生與「家」（家名）存續的觀點，來看他們的榮枯盛衰和諸行無常之感。

雖然信長活了四十九歲、秀吉活了六十二歲、家康活了七十五歲，但若是他們的壽命能夠改變，信長又沒有在本能寺之變中意外身亡的話，歷史又會發展成什麼樣呢？

這三個人的角色與使命到底是什麼？在「如何取得天下、如何持續發展、如何創造安定和平的世界」這三階段中，三人是否擁有符合各階段的使命呢？

三個人打造「天下餅」的方法，以及這場天下餅的接力賽、傳遞接力棒的方式，都可以說是企業在思考如何繼承事業時的良好範例。

本書會一邊思考這些事情，一邊探索這些名將的秘訣以及如何運用這些事例。

此外，上杉鷹山、山田方谷與恩田木工等人，對工作要務是協助企業重建與改善經營的我來說，是最值得參考的名領導者。關於恩田木工，我會在真田三代的篇章稍微提及。

鷹山是藩主（大名），木工則是家老[1]，出身於世代都是重臣的家庭，而方谷則是農民出身的儒學家，他們站在各自的立場上盡力實踐改革。

他們經營改革的哲學、採取的態度與改革的手法，即使放到現代也很具有參考價值。各位讀者若能將這些事例轉換及配合當代環境來思考，應該會有很多啟發。

如同前面提過，只要沒有新的事實或史料出土，關於歷史人物的史實與軼事無論讀哪本書都是差不多的，但可以從他們身上學習的事情則非常多。

而這本書會側重於我自身所學與精粹。

若各位讀者能以本書為契機，打造一套屬於自己的信長式戰略、秀吉式戰略，或是家康式戰略，實踐這些戰略並成功是再好不過的事。

今日已是全球化競爭的大時代，極端地說是弱肉強食的戰爭時代，而且未來的走向並不明朗。

在視野不佳、不夠透明的環境中，各位讀者要如何生存下去，倘若能藉由書中的事例找到一些提示，而對商務和人生有所改善，那麼身為作者的我會十分喜悅。

二〇一六年夏

皆木和義

1　譯註：日本江戶時代幕府或藩中的職位，在幕府或藩中地位很高，僅次於幕府將軍和藩主。

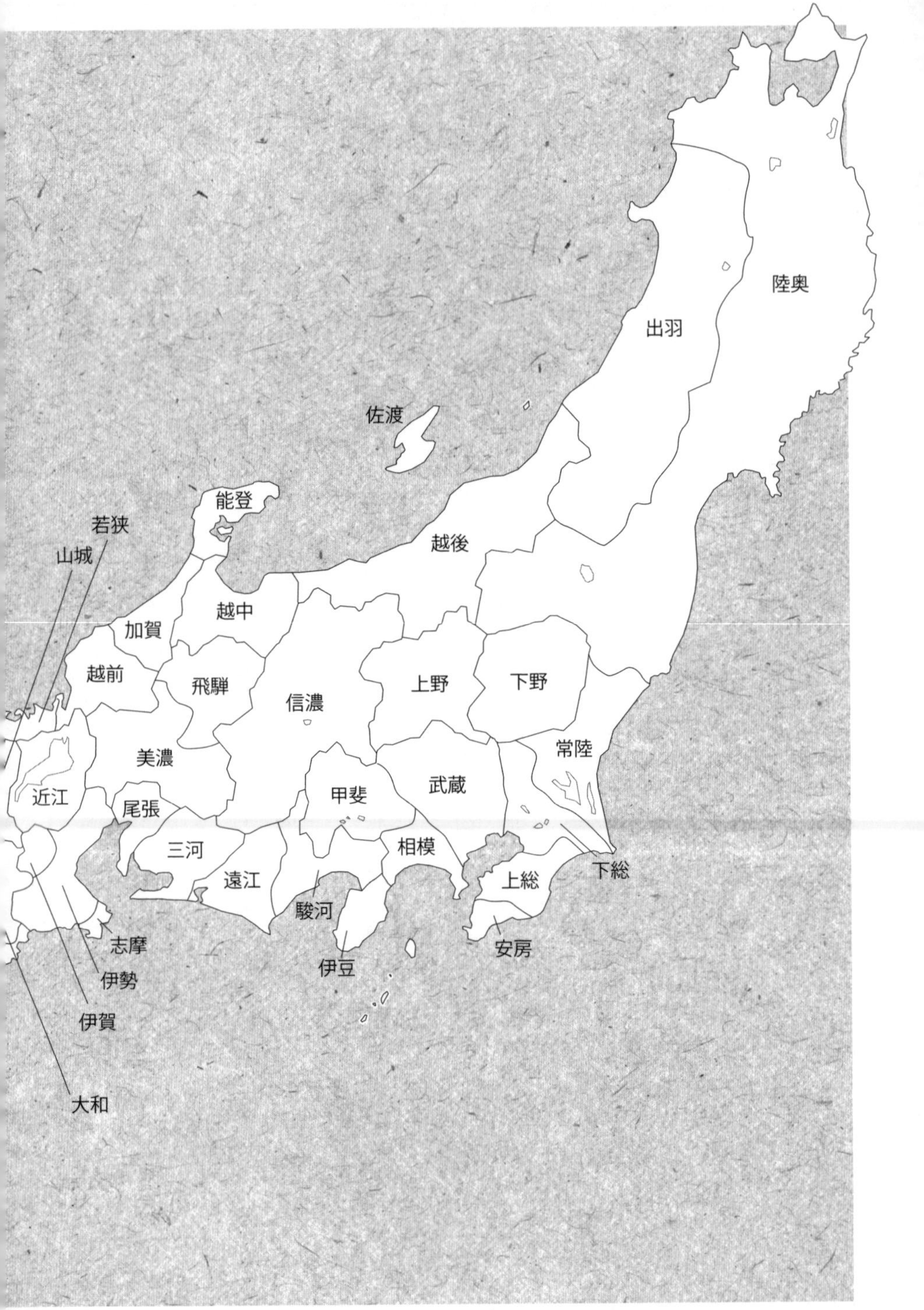
陸奥
出羽
佐渡
能登
若狭
山城
越後
越中
加賀
越前
飛騨
信濃
上野
下野
常陸
美濃
武蔵
甲斐
近江
尾張
三河
相模
遠江
上総
下総
駿河
安房
志摩
伊豆
伊勢
伊賀
大和

舊國名日本地圖（戰國時代）

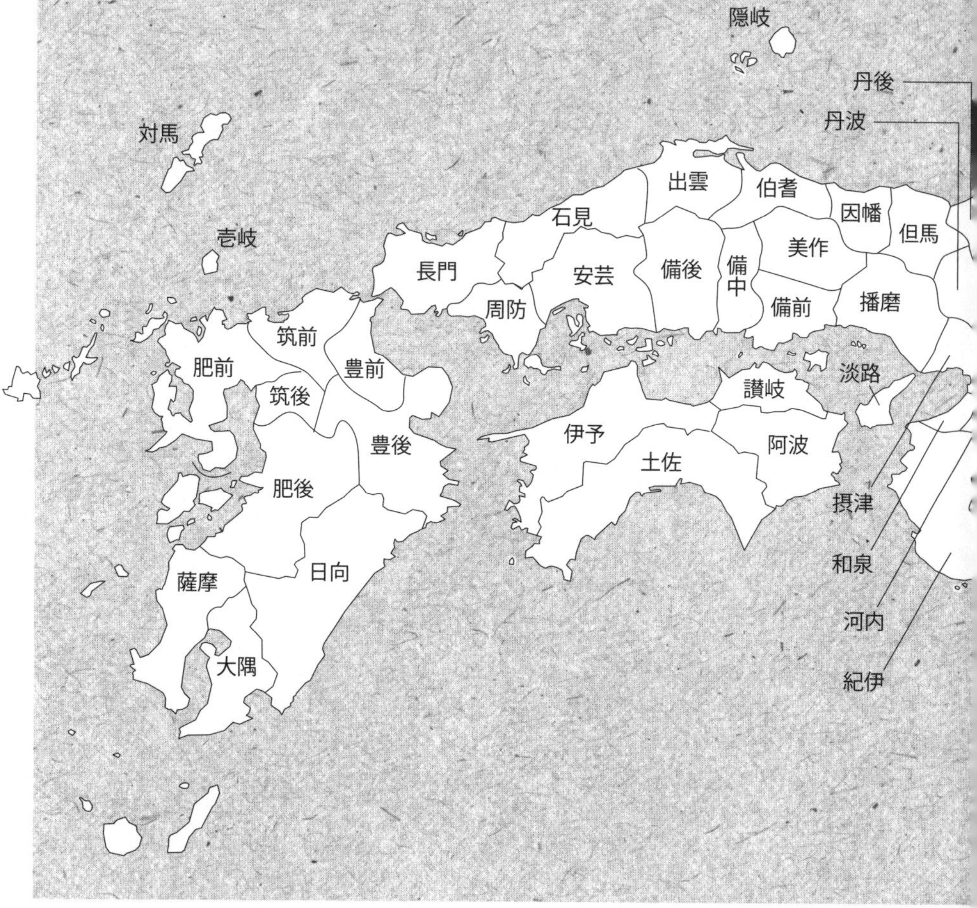

名将の戦略
不透明な時代を生き抜く

目次

CHAPTER

1

真田三代——萬死不辭的靈魂

Never Spare Their Own Lives

What Every Business can Learn from
Great Leaders in the History

萬死不辭的靈魂

真田三代

一五四七～一六五八

在本書中，真田三代指的是真田昌幸、信幸（信之）與信繁兄弟這延續了約一百年的世代。信幸是昌幸的長男，信繁是次男，並以「幸村」之名流傳後世。真田流轉於武田勝賴、織田信長、北條、德川、上杉等家，最後成為豐臣秀吉的家臣。在關原之戰中，長兄信之加入東軍；與此相對，昌幸則加入了西軍，並在信州上田城迎戰德川秀忠的大軍，阻止秀忠軍隊進入關原。昌幸與信繁戰敗後，一起被流放到九度山。大坂之陣發生後，信繁進入大坂城，築起名為真田丸的堡壘試圖擊退德川勢力。在夏之陣中，信繁嘗試突擊家康本陣與之決一死戰，但最後被敵軍追擊戰死。後世將真田信繁視為傳說中的名將，被稱作「真田幸村」，他的故事膾炙人口，享年四十九歲。其兄信幸則成為十萬石的大名，至死守護著真田家，享壽九十三歲。

以真田魂點亮人生

二〇一六年度的NHK大河劇主角為真田信繁（幸村），真田信繁波瀾壯闊的一生以送往武田家作為人質為起始，綜觀他四十九年的人生，其中最輝煌的時期仍舊是大坂之陣（冬之陣、夏之陣）。雖然表面上信繁是敗軍的將領，但人的一生能在最後的時刻完全燃燒靈魂，不，應該說是比完全燃燒靈魂還要充實地活著，信繁應該是帶著極度的滿足感死去的。當我思考人是為了什麼而活時，我想或許就是為了這種時刻吧，這是否可以說是人的天命或是天職呢？

無論如何，在幾乎無力回天的大坂之陣中，能做到激怒德川家康甚至讓他有了切腹的覺悟，只差一步就能殺死他的人，說是只有真田信繁也不為過。這件事情也證明了，不管何時、無論被窮追到什麼地步，人依舊能憑著心境與覺悟散發出耀眼的光輝，成就流傳後世的豐功偉業，這就是絕不放棄、萬死不辭（為了重要的事物，不惜犧牲身體與生命的精神）的真田魂。

另一方面，幸村的父親與兄長也都在各自的位置與立場中發揮真田魂，他們的人生充滿個人特色，綻放出耀眼的光芒。父親昌幸（一五四七～一六一一）出身於信濃地方的豪族（國眾），縱橫馳騁於世，最後走向豐臣時代的大名之路。兄長信幸（一五六六～一六五八）在大坂之陣後，作為信州松代藩十萬石的大名，深藏不露地活下去，守護著真田家。也因為這個遺傳基因ＤＮＡ，信幸開創的松代真田家直到明治時期依然是大名，其中還誕生了知名的藩政改革家——恩田木工。

終究不是所有人都能夠一統天下，昌幸也好、信幸與信繁也好，他們被織田信長、豐臣秀吉、德川家康等霸主以及時代的變化（包含權力關係的變化）所玩弄，但仍舊拚命在戰國時代活下去，這就是弱者的生存法則、弱者的戰略。

放到現代來說，這與中小型企業如何在變動的時代中生存是一樣的。在這層意義上，真田昌幸、信幸與信繁的生存方法，可說是中小型企業活下去的提示與啟發。

說到真田三代為何到今日仍被世人傳頌，主要原因還是信繁在大坂之陣中勇往直前、奮不顧身的模樣。正因為信繁的人生宛如織田信長的晚年，成為戲劇性的悲劇名將，所以其父昌幸與其兄信幸才更加大放異彩，因此觀察真田三代時，我仍以信繁為主要對象。

同時代的人是如此評價真田信繁。

薩摩藩初代藩主──島津忠恆說：「五月七日，真田左衛門攻陷大御所的陣地，旗本士兵在三里遠的地方皆紛紛逃命，真田在發動第三次攻擊後陣亡。真田乃日本第一兵，自古未有與之匹敵者，德川軍半分敗北。」

在這本《薩藩舊記雜錄》中，島津忠恆激賞真田左衛門（信繁）為「日本第一兵」，雖然真田信繁在第三次攻擊中喪命，但德川軍算是輸了一半。面對信繁的三次攻擊，德川軍都得在三里遠的地方紛紛竄逃才得以倖存，可見信繁的攻擊相當猛烈。

豐前小倉藩初代藩主、知名猛將細川忠興，也以「自古未有的功績」來形容信繁的功業。

在稍晚一點的時代，神澤杜口的隨筆《翁草》則寫道：「真田流傳後世的奇策有千百種，自信州以來，真田數次與德川為敵，絲毫沒有大意，人們都說他是德川的毒蟲，當世的英雄若非真田那還有誰，如此出眾超群的一世人物，到今日便是老弱婦孺都仍聽聞他的美名。」

真田信繁是如何被當作足智多謀的軍師、名將，被視為英雄，從這篇江戶後期的文章就可以知道。真田與德川交戰數次，卻一次也沒有輸過。

信繁也的確不虛此名，在大坂之陣中，他展現實力，綻放出耀眼的光輝。但在大坂之陣以前，他一直隱沒在父親真田昌幸的武名背後，並沒有盛名。換句話說，真田信繁作為軍師或武將的實績沒有像他父親一樣被世人認可，和他真正的實力相比，他的評價說是被低估了也不為過，雖然信繁身為昌幸的次男在父親麾下活躍，但作為一位獨立的軍師或武將，在大坂之陣發生前，其實力仍是被評價為未知數。

如果在大坂之陣中，豐臣秀賴、淀君或是豐臣家的首腦們能夠信賴信繁，視他為軍師，將軍隊的部署全面交付給他，天下情勢可能會變得相當不一樣吧，這全憑領導者的才能、眼光以及肚量。

那為什麼真田信繁能成為一代名軍師、名將展露鋒芒呢？還有，信繁人生中的充實感、成就感是什麼？當然，信繁有人格魅力，能夠影響身邊的人，但做為絕代無雙的名軍師、名將，這裡面也關乎信繁的DNA及《翁草》所說的「數次」戰鬥。我想試著綜合這幾點，當作思考信繁人生的軸心。

此外，如何讓自己的人生綻放光芒並充實自我，無論是在四百年前還是在今日都是重要的課題。

對信繁來說，他應該有強大的信念想充實自己的人生，而這個信念已流傳到後世。時至今日，仍有許多人被真田信繁最後的光輝與瞬間的光芒深深吸引。

像火焰那樣地燃燒，延續寶石般的熾烈，
永遠為感動而活著，就是生命成功之道。

——沃爾特・帕特

父親昌幸的菁英教育

真田昌幸侍奉於武田信玄，為信濃的國眾之一，真田信繁為其次男，一五六七年，信繁生於甲斐的躑躅崎（現在的山梨縣甲府市），另有一說為一五七〇年。

某個意義上，信繁的人生應該是武田家普通國眾的孩子，但為何信繁兄弟後來會被培養成如名將、名軍師般的人材呢？

首先，信繁這個名字是來自武田信玄的弟弟武田信繁。武田信繁一生效忠於其兄長信玄，以輔佐信玄聞名，也因為身材相似，他同時也是信玄的替身。

昌幸則為「武田二十四將」中的一人，為真田幸隆的三男。從虛歲七歲開始侍奉於武田信玄，以奧近習眾（隨侍在信玄左右的六位武將，為未來的儲備幹部）身份為信玄工作，打從心底尊敬信玄。附帶一提，昌幸的長兄真田信綱也是「武田二十四將」中的一人，為一名勇猛的大將。

在這樣的真田家，昌幸以親信身份學習信玄的軍略與外交手段，經常以信玄為榜樣，在這一層面上，昌幸是武田信玄的高徒，也是信玄身教的後繼者，他的心中永遠有「孫子兵法」與「風林火山」的旗印，昌幸也有「小信玄」的別稱。

昌幸被武田信玄、信繁兄弟堅定的羈絆所感動，在嫡子信幸（後改名為信之）之後出生的次子，便命名為信繁，以感念武田兄弟。

這樣想的話，昌幸在教育信幸、信繁兄弟時，應該是以武田信玄、信繁兄弟為理想範本，一定時常教導他們武田信玄的教誨與孫子兵法。信繁與信幸的ＤＮＡ，是真田家的ＤＮＡ與信玄的ＤＮＡ，同時也可以說是「孫子兵法」。

兒少教育的重要性古今皆然，無論是讀書方面也好、運動方面也好，全世界都在施行菁英教育，從信繁和信幸後來變成名將這件事情來看，昌幸的武將教育可以說是成功的。

玉不琢，不成器；人不學，不知道。

——《禮記》

轉禍為福——昌幸的倖存策略

一五八二年三月，織田、德川的聯合軍隊致使武田家滅亡。失去主君的真田昌幸，為了繼續以國人領主的身份延續真田家，被迫選擇苟延殘喘的道路，被世人稱作「表裏比興の者」（表裡不一之人）。

被上杉家、德川家、北条家圍困的小國領主昌幸，拼了命地思考該附屬於誰才能讓真田家平安地延續下去，可說是沒日沒夜地苦惱著。以現代的角度來說，他的煩惱或許近似於中小型企業的悲哀，賭上未來只為活下去。

昌幸先是對有旭日東昇之勢的織田信長表示順從，所以領有上野國吾妻郡、利根郡（現在的群馬縣沼田市、水上町、東吾妻町）和信濃國小縣郡（現在的長野縣上田市）等地。

但是同年六月，織田信長突然橫死於本能寺，武田家舊有領土變成統治空窗期，於是越後上杉家、相模北条家、三河德川家康等三股勢力發生了爭奪武田舊領的戰爭，這正是天正壬午之亂。

之後真田昌幸的君主從上杉景勝變成北条家，再變成德川家，後來卻因為真田家所支配的沼田領地割讓一事，使真田家與德川家對立。再這樣下去就會危及到真田家存亡，為尋求庇護，真田再度歸屬於上杉家。真田昌幸因為多次易主所以被稱為「表裏比興の者」，比興在現代來說就是卑鄙膽小的意思，但在當時是指老奸巨猾、生存能力很強的意思，對武將來說是「讚美的詞彙」。

當時昌幸為了證明自己臣服於上杉景勝，交出真田信繁當作人質。信繁切身感受到父親為了瞬息萬變的存活機會賭上一切，也因此體會到如何在戰國時代活下去的殘酷現實。

景勝在信繁成為人質的七月十五日這天，給了真田昌幸一份起請文（誓約書），內容為保證「即使有犯錯或謀反的謠言，景勝也會相信真田家」，並給了真田昌幸土地的所有權與知行權（領主對土地的支配權）。

對上杉家來說，德川、北条是爭奪關東霸主的敵人，與真田家聯手的話會帶來益處。

這個時候，景勝十分禮遇信繁，從背叛上杉家，投靠家康的屋代秀正的舊領地三千貫文中，給了信繁一千貫文，當時屋代秀正領有（長野縣）屋代、塩崎、八幡、戶倉、上山田、坂城等地。我認為信繁在這個時期裡學到從上杉謙信以來的上杉家軍法，信繁除了學習父親昌幸的戰法外，也學會了父親所侍奉的武田信玄軍法，也就是由「孫子兵法」為基礎衍生的武田式軍法，現在還加上了上杉式軍法。

以上杉家為後盾的真田昌幸，於一五八五年閏八月時與德川交鋒，大獲全勝，這就是所謂的第一次上田合戰，在這場戰爭中，真田昌幸的武名威震天下。昌幸被世人認可為一位雄踞一方的大名也是在這個時期。

這也是前述《翁草》所說的「自信州以來真田數次與德川為敵，絲毫沒有大意」中的一個勝利。

隔年六月，上杉景勝在進京之際，帶著真田信繁面見大坂城的秀吉。這可以說是真田家向秀吉輸誠，而臣屬的證明，就是被當作人質交出來的信繁。不過秀吉非常喜歡信繁，讓他作為直屬家臣出仕，這開啟了信繁新的道路。

人生就是一連串的吉凶禍福，雖然有「轉禍為福」的成語，但這時的信繁內心是怎麼想的呢？

雖然是題外話，但一五九四年十一月二日，信繁在秀吉的推薦下，成為從五位下左衛門佐，並賜予豐臣一姓，其兄信幸，也成為從五位下伊豆守並賜予豐臣姓。

其父昌幸在一五八〇年成為從五位下安房守，所以親子三人都擁有從五位下的官位，每個人都具備了作為獨立大名的條件。也可以說，信繁站到了昌幸繼承人的位置。

此外，也因為信繁是秀吉人質的這層關係，信繁娶了石田三成的盟友大谷吉繼的女兒。

另一方面，真田昌幸進京，正式成為秀吉的臣下，結果昌幸變成原先敵對的德川與力大名[1]。這時昌幸的心境又是如何啊，只能說天命難違，這是人

1 譯註：被派往協助城主或高位階武士的大名。

世間的不可思議之處。

《菜根譚》中有如下的一段話，或許能夠部分概括昌幸的心境與軌跡。

「天之機緘不測，抑而伸，伸而抑，皆是播弄英雄，顛倒豪傑處。君子只是逆來順受，居安思危，天亦無所用其伎倆矣。」

翻成白話文就是：

「上天的奧秘變幻莫測，讓人遭遇困境再轉為順境，使人得意又再失意，都是在捉弄自命不凡的英雄豪傑。所以一個傑出的人，如果能堅忍承受挫折與考驗，平安之時也不忘危難，那麼命運的刁難也無法擊潰他。」

其後的昌幸與信幸、信繁兄弟雖然也歷經了小田原之戰與朝鮮之役等，但與從前的變動相比，在這段時間裡，他們暫時以豐臣大名的身分度過一段穩定的日子。

我們的行動必須臨機應變。

——賽凡提斯，《唐吉訶德》

犬伏之別

一五九八年，秀吉去世，時代又再度產生劇烈變化，雖然這些會在家康那章節中詳細描述，不過家康以秀吉之死為分界，打著「厭離穢土，欣求淨土」的口號，脫下老實忠厚的假面具，目標為一統天下，家康可以說是用著專橫的做法擴大勢力，像是找碴般的讓前田家等勢力屈服。從敵方的角度來看，一切的事物都能成為家康存心挑剔的藉口，他不必與鎖定的目標打仗便能使對方屈服。

家康少年時期與太原雪齋學習「孫子兵法」，後來經過不斷深刻地鑽研，家康實踐與運用「善」的戰法，也就是所謂的「百戰百勝，非善之善也；不戰而屈人之兵，善之善者也。」

一六〇〇年六月十六日，德川家康為了討伐上杉，從大坂動身。

因為家康要求會津的上杉景勝進京澄清其謀反的傳聞，但景勝拒絕了這個要求。這也是家康的找碴與藉口，無論什麼理由都能拿來作為運用的道具，尤其善用曉以大義、捏造名分等手段讓他的目標屈服，這正是家康與參謀本多正信的拿手好戲。

面對家康的質問，景勝的家老直江兼續除了慎重地申辯外，卻也說：「到底是景勝錯了，還是內府大人（德川家康）言行不一，相信世間自有公斷」，兼續雖然說得恭敬，但也有反駁之意，這就是所謂的「直江狀」。根據每個人的解讀不同，直江狀也可以視為宣戰公告的書信。

另一方面，因為家康出兵會津，上方（大坂等地）呈現留守狀態，於是三成糾集各西國大名，大坂和京城突然陷入被壓制的危險。

當信繁獲知家康的動向，或許就有預感這是計謀，家康之所以創造出大坂留守的狀態以及政治上的空白，就是為了引誘出石田三成等反德川派。

如果三成舉兵，家康就會以關東為據點迎擊，如果沒有，就以豐臣秀賴的名義討伐上杉。無論如何，為了達成目的，回到江戶這件事在戰略上變得十分重要。

家康在七月二十一日以豐臣秀賴的名義命令諸大名進攻會津城。不管家康在豐臣政權內有多大影響力，在還不清楚受秀吉庇蔭的諸將真實意圖前，大義名分比什麼都重要，而且家康一直擔憂著西國最大的雄藩毛利和宇喜多的動向。

七月二日，家康進入江戶城，福島正則、黑田長政、淺野幸長等曾受秀吉庇蔭的諸將，相繼在江戶城集結。

另一方面，七月十二日，大谷吉繼、增田長盛、安國寺惠瓊等人，聚集在三成的佐和山城，並決定毛利輝元為攻入大坂的總大將。

輝元接受石田等人的要求，由海路前往大坂，並在同月十七日進入大坂城，召開軍事會議。同日，長束正家、增田長盛、前田玄以三位奉行（軍職），向全國大名發出「德川內府罪證」彈劾文，同時三奉行也聯署送出檄文，命令秀賴成為同盟，看得出來當時的情勢緊迫。

另一方面，接到德川家康命令的真田昌幸、信幸、信繁父子，為了與上杉討伐軍匯合，於七月上旬從上田出發，二十一日時抵達下野國犬伏。在行軍中，石田三成等人的密信送到了真田父子手邊，內容如下：

「草草來信，關於這次討伐上杉景勝一事，內府公（家康）違背了交換的起請文和太閤公（秀吉）的遺訓出兵討伐景勝，並棄秀賴公於不顧。吾與奉行們相談的結果，決定對內府公加以制裁，內府公違背的各項宣誓與約定如別紙（〈德川內府罪證〉）所示，請務必詳加考慮，如果您還記得太閤公當日的恩情，就應該對秀賴大人盡忠。」

昌幸、信幸與信繁，一定是瞪大雙眼，凝神地讀著一字一句。

他們也馬上讀了〈德川內府罪證〉，共有十三條。

一、在五奉行、五大老連署起請文後沒多久，德川家康就逼淺野長政、石田三成等人下台。

二、五大老前田利家病死後，儘管其子前田利長遞出起請文，發誓無二心，德川家康仍以討伐景勝為由，向前田家要求人質。

三、明明景勝沒有過錯，但德川家康仍違背起請文的約定以及太閤公的旨意討伐景勝，可哀可嘆，即使窮盡各種道理制止，但德川家康仍未經許可就出兵會津。

四、明明德川家康起誓過自己與關係人都不可拿取俸祿，卻違反約定，擅自給予毫無節操之人俸祿。

五、將太閤公指定留守伏見城的人員逐出，擅自指派人手。

六、雖然約定不與五大老、五奉行以外的人交換起請文，私下卻多次交換起請文。

七、將北政所大人趕出大坂城西之丸，自己居住。

八、在大坂城西之丸築起像本丸（主郭）的天守閣。

九、讓親近的特定大名妻子回國。
十、即使經過指正，還是多次擅自締結婚姻關係。
十一、煽動年少者結黨營私。
十二、未經五大老、五奉行連署，便私自發出公文。
十三、為圖利姻親，擅自免除石清水八幡宮的檢地[2]。

如同上述，德川家康完全不想遵從起請文的誓言，違背太閤公的遺命，吾等又該如何信任此人？眾人都應當下定決心，將秀賴大人一人視為主君，助其再興，這是理所當然之事。

在讀完的那瞬間，昌幸、信繁、信幸的心中閃過的念頭是什麼呢？

收到石田三成書信的昌幸、信幸、信繁三人，馬上就真田家的去留展開了詳談，但遺憾的是關於這部分的內容沒有歷史記載，所以過程並不清楚。

從《滋野世紀》等史料加以推敲的話，信幸在讀完書信的瞬間，大概是想投靠德川家康的。信幸受到家康的寵愛，同時也是家康的姻親，信幸娶了德川四天王——本多忠勝的女兒（德川家康的養女）小松姬為正室。除了這層關係，考量到大義，信幸在這場談話中，對昌幸主張應該投靠德川軍，因為德川才是豐臣政權中名正言順的掌權者，可以說信幸已是一位親德川派的大名。

另一方面，昌幸與信繁也就哪邊會勝利、該投靠哪方的利弊得失以及正義與否多有談論。昌幸與石田三成為姻親關係，信繁也娶了三成的盟友大谷吉繼的女兒。考量到勝敗的結果與真田家的存續，三人一定是極為煩惱地不斷討論著。

目前情勢可說是勝敗各五五波，看不出明確的結果，而且成敗與時運有關，會有什麼轉折誰也不知道。

無論如何，這次戰爭使得真田家命運產生分歧。這將是一場真田家是滅

2　譯註：日本中世紀至近代實行的農田面積和收穫量調查，相當於現代的土地戶口調查。

亡還是壯大的豪賭，如果三成贏了，也承諾會給昌幸五十萬石的恩賞。

結果，真田家選擇了「表裏比興」的道路，也就是無論哪邊勝出，真田家都可以存活、倖存下去的戰略。

三人在相互考量彼此的立場與想法後，討論的結果是昌幸與信繁加入石田三成的西軍，而信幸投靠德川家康的東軍，這就是所謂的「犬伏之別」。

在某個意義上，考量到人際關係的深淺、姻親關係與歷年經過的話，這個分歧是自然的走向吧。

其後，信幸為了表示和昌幸訣別，將取自昌幸的「幸」字捨棄，改名為信之。

> 最終能夠存活下來的物種，既不是最強的、也不是最聰明的，而是最有能力適應變化的。
>
> ——查爾斯・達爾文

雖然達到目的，卻成為敗軍之將

七月二十五日，下野小山（現在的栃木縣小山市）的家康本陣召開了軍事會議（小山評定）。結果，幾乎所有的討伐軍將領都誓言效忠家康，並決定對三成展開攻擊，隔天諸將改變原本的陣形，接次從東海道返回上方。

八月二十四日，為了壓制上杉景勝而鎮守宇都宮的秀忠，從東山道（中山道）出發前往信濃，因為秀忠被家康下令平定信濃。

八月二十九日，家康接到福島正則攻擊岐阜城的消息，改變了之前的命令。家康派大久保忠益為信使，命令秀忠從東海道與東山道同時西上。在這段時間裡，家康有一個多月沒有動作。

德川家康警戒地窺視著上方的情勢，還有之前西上、受豐臣家庇蔭的諸將動靜，特別是福島正則的動向，與此同時，家康牽制著上杉和佐竹，以求後方的安全萬無一失。正因為家康的同盟是伊達政宗，他無法把這兩項工作都交付與他。家康除了小心謹慎還是小心謹慎。

最後，前往東海道的家康軍，於九月一日從江戶城出發。

另一方面，秀忠領著三萬八千人的軍隊，一邊警戒著真田昌幸、信繁父子，一邊在雨中於二日抵達了信濃的小諸城，並以此為本陣。

這一天，秀忠從小諸派遣使者勸告真田昌幸投降，使者就是投靠德川的真田信之與本多忠政（本多忠勝的嫡子，信之的義兄），並說服了真田昌幸打開上田城門。

之後的九月三日，雙方於信濃國分寺舉行了見面儀式。昌幸做出答應投降的樣子，並傳達願意剃髮、開城。其實這是昌幸的策略，身為使者的信之對父親這番言論不知作何感想。

儘管如此，信之依然將父親的原話向秀忠報告。

而這段期間，昌幸、信繁父子將兵糧、彈藥運往上田城，並在上田城周遭各處埋伏兵力，做好萬全的軍備。

到了四日時，上田完全沒有開城的跡象，覺得奇怪的秀忠派遣了使者催促開城。然而昌幸的態度大變，不僅違背約定，還向秀忠宣戰，發揮了「表裏比興者」的真正面貌。

面對這種情況，秀忠極為憤怒，並在隔天九月五日下令攻擊上田，發誓要「踏平上田城」。

而昌幸和信繁則用約二千五百人的兵力，迎擊兵力在十倍以上的秀忠軍隊，這就是第二次上田合戰。

不讓秀忠的軍隊前往與西軍的決戰場就是昌幸及信繁的目的，他們固守城池，盡可能地引誘秀忠軍靠近上田城，他們的使命就是消耗敵人的時間。

昌幸與信繁用大約五十騎的小隊伍，高舉六文錢的軍旗到城外偵查，然後故意做出逃跑的樣子，誘使德川的軍隊靠近城牆，再一口氣射擊德川軍隊，使敵人亂了步伐後，再帶著伏兵趁秀忠主陣人手不足時展開奇襲，使秀忠軍混亂，給予敵人相當大的損害。

附帶一提，六文錢的家徽可說是真田家的代名詞，使用六文錢家徽，表示不論是戰場還是日常的進退，都有不問生死、萬死不辭的決心。最先將六文錢作為旗印的是信繁的祖父真田幸隆。

六文錢（六連錢）代表的是冥幣，亡者下葬時會將六枚錢幣放在棺材裡做為度過冥河的船資，從這個意義轉化為「萬死不辭」的覺悟。

因為昌幸與信繁巧妙的戰法，擁有十倍以上軍力的秀忠軍隊陷入膠著，他們在上田成功絆住了秀忠軍長達十天，結果秀忠軍來不及參與關原之戰。

但是，在九月十五日的總戰場關原之戰中，東軍只花了一天的時間就獲得勝利，雖然昌幸與信繁在地方戰中達成目的，但以關原之戰這天為界，昌幸等人從此成為敗軍的叛將。

丟盡顏面的德川秀忠，對真田昌幸與信繁恨入骨髓，直到最後都堅持要判他們死罪。來不及參加關原之戰一事，對秀忠來說是恥辱，當然對德川家來說也是一大污點。

但由於真田信之拚命求情，所以他們的罪刑減輕一等，變成是幽禁於高野山反省的流放罪。信之是用自己所得的賞賜來交換昌幸與信繁的性命，據聞信之甚至說，如果連這樣都不行，他願意用自己的性命換取二人的性命。

雖然真田家分成東西敵對的兩派，但或許是信之為親兄弟著想的心意感動了家康，從這段軼事也能讓人感受到信之誠實的人品與忠孝之心。此外，據說信之的岳父本多忠勝也有向家康說情，最後才有了這寬宏大量的處分。只是德川秀忠似乎一直對真田家懷抱著強烈的恨意，終生都沒有給信之好臉色看過。

真田昌幸被流放離開上田時說：「真是遺憾啊，明明我是想對內府（德川家康）這樣做的。」然後流下淚來，信繁的心情大概也是一樣的吧。

不過在第二次上田合戰中，信繁實踐了父親昌幸的戰略與戰法，也就是在ＯＪＴ（On the Job Training）過程中繼承了具體的東西，這一年信繁虛歲三十四歲。

另一方面，雖然信繁有這樣的經驗與優秀能力，但卻沒有了可以發揮力量的場所，換而言之，他工作的場地，也就是職場沒有了，他的收入來源被斷絕，優秀的智將昌幸也是一樣，昌幸也已經五十二歲了。

附帶一提，原本信之是沼田三萬石的城主，在關原之戰後，加上父親昌幸的舊有領地，再增加了三萬石，最後成為九萬五千石的上田藩主。但因為上田城被下令摧毀，所以他是以沼田城為據點處理藩政事務。

到頭來，所謂的職場是人們切磋琢磨的場所，也是為了鍛鍊身心的道場。

——樋口廣太郎

十四年的流放生活

真田昌幸、信繁父子在高野山的山腳——九度山，開始了終生幽禁的流放生活。雖然性命仍在，但因為是流放的罪人身分，所以事實上是被軟禁的狀態，換句話說就是活著卻看不見未來，唯一的希望是獲得赦免。

不過，即使過著被監視的生活，卻相對較為自由，信繁和妻小同住，即使外出也不會有太多的束縛。從信繁的長男大助、次男大八、女兒共三個小孩都是在這裡出生就可以知道。

　　但是他們的生活似乎很艱困，主要收入來源全靠真田信之與親族寄來的補貼，孝順父母的信之怕公開補貼會被人忌憚，也只能偷偷來。

　　如果信繁只是活著，體驗貧窮但平靜的生活或許能頤養天年，這階段和之前的人生截然不同，有許多時間體驗晴耕雨讀，和家人們談心。某個意義上，這段日子應該要把家人當作生活的重心，度過和家人在一起的溫暖時光，這樣的念頭應該也常浮現在信繁心中，他一定在這段時間裡深深思考了活著的意義。

　　信繁才三十五歲左右，雖然以這個年齡來談餘生太早了，但身為德川家的逆賊，也是無可奈何的選擇。

　　但身為一個注重名聲與榮譽的武士，這樣的生活無法打從心底滿足他，信繁內心時常湧現不甘就這樣結束的強烈想法。

　　昌幸與信繁好幾次透過德川幕府的重臣本多正信提出希望被赦免的請求，但都沒有被允許。

一六一一年六月，父親昌幸在失意中病死，享壽六十五歲。

昌幸身為「被德川忌憚的人」，連正式的葬禮都沒有辦法舉行，雖然這讓孝順的信之非常懊悔，但為了延續真田家也只能一聲不響地持續忍耐。雖然分成敵我兩邊得以讓真田家延續下去，但信之身處德川家，經常遭到質疑與不信任的眼光，處境艱難。

另一方面，也有人說在昌幸死的時候曾預言「三年以內大坂會發生動亂」，昌幸與信繁應該聊了許多因應大坂動亂的戰略、戰術以及各種計策吧。

在昌幸一週年忌辰結束後，從上田跟著昌幸而來的家臣，大部分不是歸國就是回到信之身邊，信繁在九度山的生活突然變得十分寂寞。

無論是下獄還是流放，一、兩年或許還可以忍受，一旦超過這個時間，甚至超過十年以上，對身心都是一種折磨。

作為幽禁流放的罪人，信繁無法擁有名譽，也沒有充實的生活方式，在這樣的狀況下，他是懷抱著什麼想法生活的？

父親過世後，信繁可能是想替父親祈福，他出家並改名為傳心月叟。信繁是想要遠離紅塵，以捨棄世俗的方式生活，還是說，他是想要降低德川幕府對他的戒心呢？

大概也是在這時期，他寫了一封致謝信給兄長信之的重臣，也是姊姊村松殿的丈夫，也就是姊夫小山田茂誠，日期為二月八日。

「牙齒脫落，鬍鬚也都灰白」、「事到如今，應該再也見不到面了，我們總是一直談論起你們那邊的事情」。

從這些話可以看出信繁對一直關心自己的親人，流露出頹喪不加修飾的話語。

另一方面，真田家的史書之一《真武內傳追加》裡也有「在房間內研讀兵書至三更半夜」、「沒有一刻忘記戰備」等句子，日常生活中信繁研讀以孫子兵法為首的兵書，並且常沙盤推演戰略與軍事策略，時時鍛鍊，可以看見真田家不斷為戰爭將來之日做準備。

這也反映了真田信繁的心情，他不想浪費任何一瞬間，想要充實過每一天，無論在什麼時刻，無論多麼辛苦，他絕不會放棄，全力往前邁進，這也可以說是真田魂的展現。

每個人的使命或是舞台都不相同，勝者為王、敗者為寇，是好是壞，旁人都無法一概而論。

這應該是以本人的滿足感、充實感，乃至成就感、認同感所決定的。

另一方面，人難逃一死。這是身為人類、生物無可避免的事情，即使遺憾，但不論早晚，每個人都必須面對死亡這一嚴肅的事實。

在這層意義上，要如何充實地走完人生，如何妝點人生的結尾，從古至今都是一大課題。於其後發生的，真田信繁在大坂之役中的生活方式，就成為這個課題的回答之一。

> 正因為停滯的時候，腳下會產生變化的胎動，機會因此萌芽。不要對前途悲觀，看準變化，將逆境轉為機會，這才是企業最重要的使命。
>
> ——樋口廣太郎

豐臣秀賴的使者

家康說什麼都想趁自己活著的時候擊垮豐臣家。他以《吾妻鏡》作為借鏡，平清盛只是因為一絲憐憫讓源賴朝倖存，這個決定最後卻使得平家滅亡。

雖然家康一開始認為讓豐臣家當個大名活下去也不錯，但考慮到豐臣家的舉動、意向和實際情形，為了天下的和平也好、為了德川家也好，最後家康決定非斬草除根不可。

因此，家康一直在虎視眈眈地尋找擊潰豐臣家的理由，無論是多麼微不足道的都好。

一六一四年八月，京都方廣寺預定要舉辦大佛開光供養的儀式，家康從這裡找到了為難豐臣的藉口，梵鐘上的銘文就是借題發揮最好的材料，這也可以說是其參謀本多正信的慣用手法。

梵鐘銘文上有問題的是「國家安康」與「君臣豐樂」的部分。銘文的作者是當時一流的博學大師清韓長老。家康說「國家安康」是詛咒「家康」身首異處，而「君臣豐樂」則是指要以豐臣為君主。

挑銘文毛病的是禪僧以心崇傳和儒學者林羅山，這就是德川派的找麻煩，無非是意圖挑釁。但只要想挑釁，任何東西都可以當作牽強附會的材料。

既然與德川的戰爭無可迴避，豐臣家也只能下定決心抗戰到底。

但是在關原之戰後，豐臣家的俸祿降到僅有六十五萬石，靠自身的力量募集兵力也才三萬人左右，怎麼樣都贏不了德川。

因此豐臣家以豐臣秀賴的名義，拜託以前受過太閤秀吉庇蔭的大名們幫助，同時，他們也召集對德川幕府不滿的前大名還有諸國的罪人們。

但是大坂方所拜託的福島正則、蜂須賀家政、細川忠興等曾受過豐臣家庇蔭的有力大名們，沒有一個人成為秀賴的同盟。

這除了和時代的脈動有關之外，也可以說豐臣秀賴和其母淀君，還有大坂派的首腦群，已經失去了天下人心。

以孫子兵法來說，豐臣既沒有「勢」，同時也失去了「天時」。

但另一方面，召集諸國罪人（浪人）的策略則是進展順利，浪人們不斷地進入大坂城。

真田信繁的身邊，也出現了從大坂前來拜訪的使者。使者請求真田信繁協助豐臣家，並即刻給了黃金二百枚、銀三十貫的預備金。

信繁答應了使者，並在十月九日，帶著家人秘密逃出九度山前往大坂。順帶一提，「黃金二百枚、銀三十貫」換算成現在的金額，大概是九億日圓左右。

信繁再度得到了作為武將能發揮力量的場所和工作職場。信繁一定是打從心底歡喜，同時感到體內的躍動、幹勁和能量像岩漿一樣噴發而出。

真田信繁入城的消息在十月十四日，由京都所司代——板倉勝重送到駿府的家康手邊，聽到真田入城消息的家康臉色大變，問使者說：「守城的真田是父親還是兒子？」他站立著用手抓著門扉，而門扉因為雙手顫抖而發出聲響。當使者告訴家康說，守城的是兒子信繁，父親昌幸已經病死的消息時，家康才露出安心的表情，家康怕昌幸是怕到這種程度的。

機在於應事。[3]
——《尉繚子》

外樣大名[4]的極限

真田信繁在大坂城舉辦的軍事會議中，主張應該要在城外野戰的積極策略。信繁認為單純守城是沒有勝算的，守城在有援軍的狀況時，是有效的作戰策略，但像此次的作戰，無法期待援軍到來時守城就是無效的。

信繁仔細地思考孫子所說的先發制人策略後，提議大家要趁東軍還沒有準備好時先制攻擊。信繁提出以下出城攻擊方案：先由豐臣秀賴親自出馬，在天王寺立旗，由信繁、毛利勝永、後藤又兵衛基次等人攻陷伏見城。然後在宇治、瀨田等地布陣，阻止東軍渡河，由木村重成等人襲擊京都所司代，佔領京都。長宗我部盛親、明石全登等人從大和攻擊奈良，秀賴身邊的將領則攻陷片桐且元的茨木城。我方在大津築堡壘，確保京畿一帶無虞後與東軍決一死戰。

後藤基次、毛利勝永等具有影響力的浪人們都支持信繁的提議，主張壓制京畿，出擊宇治、瀨田，迎擊因遠征而疲乏的東軍才是必勝的戰略。

但是秀賴的母親淀君，還有以淀君乳母的兒子大野治長為首的豐臣家掌權者們，對於已故太閤秀吉修築的大坂城抱持著絕對信賴，堅持守城。無論信繁多麼積極堅持自己的主張，都沒有被採用，最後大坂這裡還是決定了守城的方針。

在某個意義上，信繁是新來的外地人，這也可以說是他身為外樣大名的極限、軍師的極限，無論提出多好的戰略或做法，沒有被採用的話也只是紙上談兵。這與現代軍師，也就是經營顧問是相同的。

3　原註：不要讓機會逃走。
4　譯註：非與將軍同族的大名。

即使是在非常時期，元老與新人，本地人與外來人之間，區別與歧視的意識從古至今都沒有改變。

即使是真田信繁，也只是一位有能力的傭兵，換而言之就是能力很好、非正式的短期勞工而已。從大坂的首腦群來看，信繁只是自己手下的一個道具而已，十分遺憾，但信繁是沒有任何決定權的。

無可奈何之下，信繁只好退而求其次點出大坂城南方的弱點，並指出若在這裡修築城寨就能夠補強南方的弱點。

信繁是浪人出身的新人，而且親兄長和親戚都侍奉於德川家，他也會被懷疑是否往德川家通風報信，所以不怎麼被信任。

不過在後藤基次等人的支持下，建設城寨的意見得到許可，並由信繁負責此事。這個要塞就是真田丸。根據通說，真田丸後方為大坂城的護城河，三面以枯水護城河圍住，並設三重柵欄，為一設有箭樓，四面約兩百公尺，像是半圓形的防禦工事。另一方面，也有一些資料指出真田丸擁有本丸（防禦中心）和出丸（前哨基地）。

此時信繁的目光放在城寨前方一座名為篠山的小山。信繁派遣一部份的鐵砲隊潛入篠山，以鐵砲轟炸前田軍。因為真田隊每日進行鐵砲攻擊，所以前田軍每天都有死傷者，前田的隊伍逐漸變得十分焦躁，讓前田軍失去理智、焦躁不已正是信繁的作戰計畫。

隔日，前田軍進攻至真田丸的護城河邊，看到城寨的藤堂高虎、井伊直孝、松平忠直等人，想搶先在前田軍中立功，便一齊向真田丸攻了過去。

已經預測到敵人會這樣攻擊過來的信繁以鐵砲反擊，討伐了攻進枯水護城河的敵兵數百名，讓敵人的後援部隊進退不得。

傷亡慘重的德川東軍開始退卻，但此時東軍偶然又奪得先機，誤以為城裡有內應的東軍便掉頭殺回平野口。

信繁不慌不忙地吸引聚集在狹窄地點的東軍靠近，然後以鐵砲攻擊，東軍的前鋒雖然想回頭，但因為是在狹窄地點，後面有大軍壓陣過來，呈現退也退不得的狀態，想退的人與想前進的人互相碰撞到對方，東軍陷入巨大的混亂，信繁就趁這個時候攻擊，給予東軍莫大的損傷。

據說家康收到在真田丸吃敗仗的消息，心情變得很差。

看到用武力攻擊也無法突破真田丸的家康，開始考慮從政治策略下手，他立刻派使者到大坂城和秀賴與淀君和談，在大坂城內以信繁為首的浪人們，多數都反對講和，但信繁等人的意見並沒有被採納。

此外，在真田丸以外的地方，戰況都對豐臣派不利，淀君與大藏卿局等女眾惱於東軍的砲火聲，精神耗弱，也希望能儘早講和。

家康當時準備了好幾個世界上最強、最新的兵器蛇砲，並用這個瞄準大坂城。蛇砲的有效射程約五百公尺，摧毀了女眾所在的城廓建築，造成許多女眾犧牲，這恐懼可能是豐臣答應與家康講和的關鍵決定。

雖然孫子兵法曰：「兵者，詭道也。」但豐臣派的淀君也好，大野治長也好，都完全被家康以和談的名義所實行的詭道詐術所吸引住了，世上哪有這麼好的事情呢？

信繁雖然已經完全察覺到家康的意圖，但他只能做到這樣了，這是身為外樣大名的極限、軍師的極限，信繁是抱持著一種看破紅塵的態度吧。

附帶一提，在準備大坂冬之陣講和前，家康曾經招攬過信繁。在家康親信本多正純身邊的叔父真田信尹來到真田丸，以「信濃十萬石」為條件，勸說信繁倒戈至德川一方。一般來說應該是美事一樁，但信繁卻十分果斷地拒絕了。

從這件事情也可以看出信繁義大於利的處事原則。

作為門外漢挑戰業界會遇到相當大的困難，但是克服困難對我來說才有活著的實感。

——孫正義

信繁的覺悟

信繁認為豐臣與家康的和睦早晚會作廢，最後的決戰即將來臨。

信繁在冬之陣後，寫給女兒阿菊的丈夫十合十藏的信中說：「已經沒有在人世間相見的機會了。雖然你可能無法事事關照到小女阿菊，但無論如何請不要捨棄她。」

另外，在大坂夏之陣前的一六一五年三月十日，他寫信給姊夫小山田茂誠和外甥之知，這是信繁在世時的最後一封書信。其中提到：「感謝你們派遣貴使遠道而來，得知你們一切如常，真是十分高興，我們這邊亦無大事，敬請放心。殿下（豐臣秀賴）對我極為親切誠懇，大致沒有什麼問題，但也有許多擔心費神的事，現在是過一天算一天。由於不能面談，許多事情無法說清原委，寫信也未能詳盡，但相信貴使會向您告知我這邊的情形。如果今年局勢平定，很希望可以見到面，我想知道的事情如山那麼多。

但是由於浮世變幻莫測，誰也不知道明天會發生什麼事，請你們當作我們已不存在於這世間了！」

從信中「有許多擔心費神的事」可以看出，即便到了後來，比起任用真正有實力、以勝利為目標的人，不如說大坂的高層更重視互踩對方，更重視面子與輩分，造成信繁相當勞神。此外，也可以看到這群人疑心生暗鬼，全體無法團結一致發揮力量。此外，「誰也不知道明天會發生什麼事」則暗指信繁預言東軍與西軍會再次決裂。

無論是和平相處還是再度開戰，都屬於家康政治策略的一環，所以東西軍的決裂之日將近是理所當然的事。

話說回來，冬之陣講和的條件是大坂城得將護城河填埋起來，不只是外護城河，連內護城河都得全部填埋。即使有許多人強烈抗議，但大坂的主事者推脫不予理睬。本多正信的計畫成功。

結果易守難攻的大坂城失去了護城河，變成只有本丸的裸城，呈現非常淒慘的狀態，沒有了護城河的城，怎麼樣都無法抵抗德川的大軍了。

家康摩拳擦掌地等待再次挑起戰爭的藉口。大坂和德川的二次衝突無法避免，豐臣只好再度讓浪人們進入大坂城，囤積兵糧、彈藥，整頓軍備。

這件事情傳到家康耳裡，於是他嚴正要求秀賴離開大坂城，並要秀賴答應移封一事，還要他解散召集的浪人，表示對家康的服從。

豐臣派當然無法接受，所以東西軍再度決裂，爆發大坂夏之陣。

無常之浮世，今日不知明天事。

——真田信繁

真田是日本第一兵

這次的作戰如同信繁在冬之陣所主張的一樣，大坂的人採取城外出擊作戰的方式，以挫東軍的銳氣。為了讓敵人士氣低落，引誘諸大名產生動搖，所以大野治房侵略了紀州（淺野氏），但是西軍已經失去「天時」，攻擊又笨拙，西軍自己承受了莫大損失，最後西軍的先發攻擊部隊沒有什麼戰果，兩手空空地撤退。

大坂方又決定於五月五日，派後藤又兵衛在道明寺決戰，於是全軍準備隔天的出戰計畫。

西軍的布陣範圍從大和到河內平原，至前方的道明寺附近，準備各個擊破從這裡侵入的東軍。因為無論是聲勢多浩大的軍隊，通過狹窄的道路時，行軍隊伍一定得呈現縱隊，所以如果在出口攻擊他們，勝利的可能性就會很高，也能給予對手極大傷害，這也是孫子兵法的一種。

但是這個作戰計畫因為有內鬼而被家康知道了，東軍搶先通過了這個小路，集結在道明寺東方附近，並且布陣。

西軍的軍事會議只是平白地浪費時間，並且招致最壞的結果，失去了「孫子兵法」所說的「地利」。

五月五日夜晚開始行軍的後藤軍，和真田軍、毛利軍在藤井寺合流，並預定前往道明寺，但因為真田及毛利軍隊碰上濃霧阻礙了行軍，後藤軍認為已等不到其他後援部隊，於是就一齊向東軍進攻，後藤軍隊的攻擊十分猛烈，給予敵軍巨大打擊，但後藤軍卻陷在深田無法如預期般地前進，最後又兵衛戰死，後藤軍全線瓦解，不久後薄田兼相也戰死。

全軍都統一身著赤備的信繁軍隊這個時候趕到，信繁得知了後藤又兵衛戰死的消息，加上東軍已到，便下令撤退。

因為道明寺之戰的失敗，西軍失去了後藤及薄田等大將，勝利的希望越來越渺茫，不過此時大坂城還留有五萬大軍。

五月六日家康決定從天王寺口（茶臼山附近）進攻，秀忠則從岡山口進攻。另一方面，西軍則由真田信繁在天王寺口紮營布陣。

但是，信繁想等明石全登軍隊到來後一同進攻的意圖在這裡也破滅了，信繁最後只得單獨開戰。信繁的目標當然是家康的首級，就像《孫子兵法》虛實篇所說的「我專為一」，信繁全神貫注集中在取得家康的首級。

信繁與家康本陣距離約一里（四公里），信繁眼前是一萬三千名越前軍，而家康的本陣就在這後面。信繁將目標放在家康身上，然後赤備的真田軍全體展開突擊。

信繁一邊和敵軍交戰，一邊重整態勢，勇猛地反覆突擊。因為真田軍的猛攻，家康本陣陷入一片混亂，連馬印[6]都被弄倒，對家康來說，馬印被弄倒是三方原之戰以來的最大屈辱。

真田軍突擊的勇猛程度，甚至讓家康一時有了切腹的覺悟，但被左右親信阻止才打消念頭。此時信繁也請求秀賴上馬出戰以鼓舞士氣，但這個要求沒有被實現，信繁肯定感到十分遺憾。

即使是真田軍也漸漸寡不敵眾，最後無法實現取得家康首級的目標。因為數次突擊而負傷的信繁，在安君天神附近的田邊坐著療傷時，被敵方長槍刺中而亡。

5　註：從盔甲、旗幟、甚至武器都有紅色塗裝的一種戰國時代的軍隊隊伍編成。

6　註：日本用於戰場上表徵大名或軍事將領的大旗。

這可說是整場激戰最後的結尾。在殞命的瞬間，信繁在想些什麼呢？

我在這裡看見的是滿足感。信繁一定是完全燃燒並發揮了他「日本第一」的精神吧？

身處現代的我們，應該也要學習信繁萬死不辭的生活態度，無論遇到多麼不利的劣勢，也絕不輕言放棄，直到最後的最後都以勝利為目標戰鬥。

真田信繁重新教會我絕不放棄，不屈不撓精神的重要性以及真正的真田魂，我想各位讀者的感受也是一樣的。

我專為一[7]

——孫子

信之的真田魂與DNA

另一方面，在大坂之役的時候，真田信之應該十分焦慮吧。

關原之戰後，信繁是因為信之拼命地求情才得以存活下來。大坂之役時，信之聽到信繁進入大坂城後是怎麼樣的心情呢？一定是無法言說的複雜吧，而且信之身在德川幕府體制中，立場多少也變得更加艱辛。

信之因為得了重病無法參加大坂之役，所以在江戶過著謹小慎微的生活，同時信之以嫡男信吉與次男信長代替自己參戰，藉以表示忠誠。只要信吉或信長表現出勇猛參戰的樣子，甚至戰死的話，真田家才不至於失了顏面。

但實際情況卻和信之的苦衷相反，德川派之中仍有人懷疑他是否和信繁互通消息。

像這樣，信之因為哥哥的身份被懷疑勾結豐臣家，而弟弟信繁則被懷疑

7 譯註：集中於一點，就能比分散的敵人多出好幾倍力量。

勾結德川家，兄弟兩人都各自在艱難的處境裡。

此外，冬之陣中，信繁在真田丸表現活躍；夏之陣中，信繁又勇猛突擊，讓家康害怕到有切腹的覺悟，這些事蹟使得真田信繁的武名遠播，然而信之聽到這些消息時，心裡應該是痛惜與動搖吧。

身為被稱作「日本第一兵」，獅子般勇猛的信繁的兄長，明裡暗裡都會受到排斥與指責，應該覺得臉上無光，但或許信之內心深處，仍以雖是敗將卻展現出真田魂的弟弟為榮。

無論身處在什麼狀況，信之不會讓別人看到他艱難的心境與動搖，他仍一心一意地向德川幕府輸誠。

他相信，這是延續真田家的唯一道路。

無論受到怎樣的屈辱和誹謗，他只要想起「犬伏之別」，就能繼續忍耐，努力到底。那時和父親、弟弟約定的是延續真田家。不管何時，發生什麼事都不能放棄，無論如何也要讓真田家延續下去。即使被二代將軍秀忠與幕僚討厭，也仍然小心謹慎的讓真田家存續下去。

在這層意義上，被稱為鬪將、智將的真田信之，選擇與父親昌幸、弟弟信繁不同的形式，發揮了信之式的真田魂，可說是一代名君。

結果，信之構築了真田家延續十代直至明治時期的基礎，並以在當時罕見的九十歲高齡壽終正寢。

信之還被三代將軍德川家光看重，家光說「伊豆守（信之）是天下的寶物」，一而再、再而三的不讓信之隱居，信之擔任真田家督直到九十歲，那時已是四代將軍家綱（一六四一～一六八〇）掌政的時期了。可以說信之是永不退休也不為過。

信之的晚年如前述，是活著看過織田信長、豐臣秀吉、德川家康、關原之戰與大坂之役的最後戰國武將，可說是戰國時代的活字典，受到幕府內的眾人所尊敬。

信之在大坂之役過後又活了四十多年，這期間發生了兩件影響真田家延續的大事。

一是元和八年（一六二二年），信之被加增、轉封為松代藩十萬石。

這一時期他寫給重臣出浦對馬守昌相（盛清）的信，今日依然看得到，原文如下：

十一日書信就到了鴻巢，我已讀過了。這次想和你談論的，我在川中島受領的領地，已逾越我應得的這件事。我聽聞松代是名城，也是北國險要之地，將軍大人親自將此地委任予我，是真田家莫大的榮幸。我十三日來到鴻巢，現在要回去了，在我回到上田的這段時間，請處理一下這件事情，首先是慶祝的事宜。

追記：我們已經年紀大了，雖然不是全部都要拿，因為受之有愧，但這是上面的交代，也考慮到子孫，因此決心移往松代，還請多多指教。

十月十三日　伊豆守信之（畫押）

出浦對馬守大人

這封書信大意如下：「因為上面的指示，我將服從命令，也為了子孫要移住松代，請不必擔心。」這是要讓出浦對馬守安心；後半部分則是「受領過多的領地，還讓將軍親自命令轉封松代，沒有比這更有顏面的事情了。」是一封可以窺探到真心話與場面話的書信。

松代和上田不同，松代的荒地多，水害也多，轉封其實是非常辛苦的，為了延續真田家，信之「不勝感激」領旨了，但這時候他腦中浮現出的應該是父親與弟弟的臉龐吧。

此時真田家的情況是信之於元和二年（一六一六年），從沼田移往父祖之地上田，並將沼田領地的三萬石委任給長男信吉。

一六二二年雖然信之加增、轉封到松代，但實際仍被承認領有沼田，所以信之成為合計領有十三萬石的有力大名。

寬永十一年（一六三四年）因為管理沼田的信吉死去，信吉的長男熊之助繼任，但熊之助也在寬永十五年（一六三八年）早逝，故由信之的次男信政管理沼田。

雖然有點離題，但之前信中出現的出浦對馬守，在ＮＨＫ大河劇《真田丸》裡是由演員寺島進帥氣演出。

第二件事情，則是可稱為「真田騷動」的真田家動盪。

如同前述，信之好幾次向幕府請求退隱，但都沒有被允許，直到明曆二年（一六五六年），九十歲的信之終於得到幕府的許可隱居，並將家督之位讓給次男信政。

這期間成為上使的老中[8]——酒井忠清傳達將軍旨意，內容為「伊豆守忠孝雙全，是天下的寶物，難以讓其隱退，但經過數年來的不斷請求，加上年事已高，故順其希望允諾隱居，並賜予其嫡子信政川中島十萬二千石、上州沼田三萬石。」

其後，受領沼田領地的次男信政成為松代藩第二代藩主，沼田領則由熊之助的弟弟信利繼承，信之本來以為終於能夠頤享天年時，卻天不從人願。

信政在繼承藩主後僅兩年就死去，因此信政虛歲為兩歲的六男幸道成為第三代藩主，但是受到信之的長男信吉之子信利的反對，信利主張自己才是信濃松代藩的繼承人，這就是連姻親大名與幕府都捲進去的真田家騷動事件，也是一場繼承人之爭。

但是在信之與側室右京之局的奔走下，信之成為監護人，幸道繼承了藩主之位，信之成功地讓真田家延續下去，真田騷動平安落幕。聽說這是由於信之做了一份連署公文向幕府請願表示，若是幕府認為幸道不適合繼承家督，真田家從藩士乃至足輕，全城五百人以上將全數在城內切腹自盡。

小松姫過世後，可以說是正妻的側室右京之局，以信之為中心，讓松代藩內的家臣們因擁立幸道而團結在一起。

此外，二代藩主信政在繼承松代藩時，由沼田帶來大批親信的家臣，也就是所謂的沼田眾，他們最知道信利的個性適不適合繼任藩主，故以沼田眾為首不斷地反對信利繼承松代藩。

可能是因為這場騷亂讓信之身心俱疲，信之於這一年，也就是萬治元年（一六五八年）以九十三歲的高齡辭世。

8 譯註：老中是幕府的直屬官員。

臨死之際，信之在想些什麼呢。腦海中像跑馬燈閃現的應該是父親、弟弟與小松姬的臉龐，當然應該也有和昌幸、信繁立下堅定誓言，要讓真田家存續的犬伏之別一事。

信之的一生可以說是守護真田家直至最後一刻的精彩。

雖然有些離題，但此時沼田領因為幕府命令，正式獨立成為沼田藩三萬石，但一六八一年卻因為信利的失政而被廢城。

另一方面，成為三代藩主的幸道長年受命至江戸城普請，並在宴請朝鮮通信使一事上表現活躍，幸道於享保十二年（一七二七年）以七十歲的高齡辭世，他的武功優異，自稱是關口流柔術跟神道流劍術的好手。

但因為江戸城普請跟宴饗朝鮮通信使的相繼花費，造成松代藩的財政不斷惡化。

唯有忍耐勝過萬寶。

——樋口一葉

體現真田魂的恩田木工

在歷經十代延續至明治時期的真田家家臣中，存在著體現真田魂的人物。在惡化的財政瀕臨破產時，他全心全意賭上性命著手進行藩政改革，雖然壯志未酬身先死，但他遺澤後世的真田魂卻帶來莫大的功績。

這人就是恩田木工（一七一七～一七六二），木工在江戶中期進行的藩政改革因為《日暮硯》而出名。

雖然這本書裡面多半是描述木工的仁政，但如果單純閱讀《日暮硯》，會發現這本書可說是身為君主的真田幸弘與木工之間的經綸方策，一本描寫「名君與名臣」帶有傳奇色彩的故事。雖然與史實有不同的部分，但這本書傳達了木工改革的精神與姿態。

《日暮硯》作為藩政改革的範本流傳至全國，也帶給二宮金次郎

9 譯註：幕府要求各大名分攤勞役。

（一七八七～一八五六）莫大的影響。

另一方面，《日暮硯》這本書受到江戶幕府第八代將軍——德川吉宗（一六八四～一七五一）享保改革的影響深遠，像是吉宗的「質素儉約」或是「目安箱」的概念，到木工這裡面就變成「上書箱」，這些方式都是希望傾聽人民的意見。

德川吉宗於一七一六年就任將軍，為恩田木工誕生的前一年。一七四五年吉宗讓位給家重，吉宗在位的時間與木工的人生有長時間重疊，不難想像木工在青年時期於明裡暗裡受到吉宗的各種影響。

言歸正傳。恩田木工身為松代藩真田家十萬石的家老，受領一千石俸祿的恩田民清的長男，誕生於松代（現在的長野縣長野市松代町），完全就是含著金湯匙出生，同時也是沼田眾的門第世家。

木工於享保二十年（一七三五年）繼承家督，延享三年（一七四六年）成為家老。寶曆七年（一七五七年）八月二十八日，木工被任命為「勝手方御用兼帶」（等於藩的財務大臣），被藩主真田幸弘委託改革藩政。據說當時的松代藩借款在二十萬兩以上（約四百億日圓以上）。

在木工就任以前，原八郎五郎、田村半右衛門等人於前藩主時代也有進行財政改革，但無論誰來做最後都不成功，他們的高壓手段、不遵守約定、假公濟私和為一己私慾等的行為，都是失敗的原因。

因此木工的改革立基於分析他們的問題，並模擬出解決方法，著手進行真正的變革。

改革主要的重點有獎勵質素儉約、禁止賄賂及收賄、防止不公正的民政、肅正綱紀、振興產業、獎勵文武官等。《日暮硯》中記載著「半知借上廢止」[10]，似乎改革非常成功，但在史實上，困窘的藩財政本身並沒有得到改善。但是木工無私的精神，公正嚴格的政治態度，應該有影響到藩士與人民的思維吧。

但遺憾的是，恩田木工在改革途中的寶曆十二年（一七六二年）一月

10 譯註：廢止削減官員俸祿，或向官員借錢的行為。

三十日去世，享年虛歲四十六，實行改革四年半左右。但他的意志由藩主幸弘、還有木工妻子的弟弟，同時也是首席家老的望月治部左衛門所繼承，其後改革長達數十年。

在這層意義上，恩田木工可說是創造了藩政能夠改革成功的ＤＮＡ。他的改革態度一言以蔽之，就是「四書五經」《大學》中的「修身、齊家、治國、平天下」，意思就是「為了天下太平，應該要依照順序，先是端正自身的行為，再來要整頓家庭，接著是治國，最後才是平定天下。」

木工出仕家老兼勝手方的時候，自我要求極為嚴苛，對妻小和親戚也嚴格到像是要恩斷義絕的程度，展現出改革的決心。

事情經過簡單來說，就是木工先對妻小和家臣等成員說出「恩斷義絕」的宣言，吃驚的大家詢問他因由，木工說因為接下了重責大任，已下了「今後不會說謊」的決心與覺悟。

「即便我自已約定不會說謊，但如果家裡的成員有誰認為我在說謊，人們就會存疑，認為木工之言不可信，這樣就無法勝任此次的工作，所以就事先斷絕關係。」這樣一說，木工的妻子、兒女、親戚與家臣們全部都服從他的旨意，並立下「不會違背誓言」的約定。

木工面對改革的決心驚人，可說是一心一意、即使犧牲生命也要完成，這也是「修身齊家」的徹底展現。

另一方面，木工改革的重點，也展現在松代藩勘定所[11]召開的集會上，集會時間為寶曆八年（一七五八年）二月二十七、二十八日。這兩天期間，兩百多名松代藩農村的村代表集合在勘定所，木工與松代藩的人民們展開對話，目標是從根本解決藩的財政問題，換句話說就像是市民大會或主管談話。

此時也正值被稱為「年貢月割金納制」[12]的新稅制上路時期，木工提出改善足輕問題、簡化年貢繳納方式、捨棄雜稅等辦法，做為新稅制上路的交換條件，並且設置每三年修正一次的機會。這個制度不是單方面強制作業，而

11　譯註：管理民政與財政的單位。
12　譯註：將年貢改成按月繳交。

是希望設立對話機會，透過充分溝通，在雙方都能理解的基礎上實施改革。

這種解決辦法可說是恩田木工改革的最大特徵。

這時就像《日暮硯》中言明並承諾的：「絕對不會說謊，一旦雙方同意就不會改變。」

所謂解決足輕問題，是指從以前到現在藩政為了督促遲交的稅金，會派許多足輕前往村莊催繳，所以木工和農民約定今後不會再派足輕前往催繳。

從農民的角度看，如果來的人是為了催繳年貢，農村就不得不款待他，造成農村許多開支，形成更大的負擔。為了解決這件事情，應該要正視農民的困擾，這是真正以農民為本，解決足輕問題是替農民減輕負擔的提議。

木工的態度即是考慮對方的立場，就現實上提出解決方法，可說是創造出具有良好平衡的雙贏關係。

在領主與領民的階級分明的時代，這是開創歷史的做法。

不是強制及單方面傳達上位者的旨意，而是愛護人民、貫徹誠實的態度執行政策，漂亮地重新建立藩財政，創造出這一切契機的可說是恩田木工。

還有，我們是否能耿直地貫徹理所當然的事情，像是絕對不說謊與遵守約定等等，恩田木工教導了現代人態度的重要性。

他的遺志被藩主幸弘以及木工妻子的弟弟望月治部左衛門所繼承，明和三年（一七六六年）改革開始出現成果，進入十九世紀後，松代藩搖身一變成為富裕的藩地。

這些都是恩田木工撒下的改革種子終於開花結果，不，或許是說，這些結果是因為木工展現了絕不放棄、萬死不辭的真田魂。

修身齊家治國平天下。

——曾子

CHAPTER 2

織田信長——不破壞就無法開創新的世界

No Destruction, No Creation

What Every Business can Learn from
Great Leaders in the History

不破壞就無法
開創新的世界

織田信長

一五三四～一五八二

尾張武將織田信秀的嫡男信長於一五五九年統一尾張國。隔年，以僅兩千人的兵力打敗了駿河的今川義元率領的二萬五千人大軍，因為這場桶狹間之戰而名震全國。在長篠之戰中採用鐵砲的新戰略，打敗被稱為戰國最強的武田騎兵團。以「天下布武」的理念擴大領土，此外，也推行不侷限於兵農分離、樂市樂座[1]等既存社會系統的政策，用人唯才，不拘泥於家世。後來遭到擁戴足利義昭，取得官位同時也是心腹重臣的明智光秀背叛，信長於本能寺之變中自殺，享年四十九歲。

1 譯註：利用免稅和廢除關卡等方式鼓勵自由貿易。

破壞與創造的一生

我想舉織田信長作為名將（優秀領導者）的代表之一。過去曾有許多人以各種角度描繪過他。

在信長之前，以聖德太子（厩戶王）為首，也有優秀的領導者和名將存在，但說到「破壞與創造」的大改革家，我想信長應該是第一名的。

而且，正親町天皇在聖旨中也稱讚信長是「古今無雙的名將」。

織田信長生於一五三四年，乳名吉法師。青少年時代，信長被大家揶揄是尾張的「大傻瓜」、「大笨蛋」。

信長表現出他「大傻瓜」最深刻的，是在一五五一年父親信秀病死的時候。在那古野（現在的名古屋）萬松寺舉辦的喪禮中，信長頭髮像往常一樣胡亂束起，也沒穿正式的褲裙，他以此模樣向父親上香，然後在佛前抓了把抹香丟出去。列隊的人們十分驚訝並且目瞪口呆想著：「這就是那位大傻瓜啊。」以上的事跡都記載在《信長公記》中。

不過，為什麼信長被叫做「傻瓜」或「笨蛋」呢？或許是因為，他未來要完成偉業的緣故，所以他有超出常識所能理解的個性、力量與能量吧。

信秀死後，信長以虛歲十八的年紀繼承家督。這個織田家，是在室町幕府的體制下，為尾張半國的守護代家老一系，這是信長人生的起始位置，此時正處於吃人還是被吃，殺人還是被殺，弱肉強食的戰國時代中期。

一五五九年，信長統一尾張國。一五六〇年，信長二十七歲時面臨到嚴重危機，那就是素有「東海道第一弓」稱號的駿河今川義元，帶領兩萬五千大軍侵略尾張。

但是在賭上性命孤注一擲的桶狹間之戰，信長僅用二千兵力打敗了今川義元的軍隊，因此武名遠播。後來信長壓制了京畿一帶，一五七三年推翻了室町幕府。

一五七五年，長篠之戰中，信長利用鐵砲部隊擊破被稱為最強騎兵團的甲斐武田勝賴軍。一五八二年三月，迫使勝賴父子自殺，讓宿敵武田軍隊就此滅亡。但是緊接著的同年六月，在京都本能寺遇到家臣明智光秀謀反，在天下統一大業只完成一半的途中，信長去世。

看著信長這一生，在世被賦予的使命或天命，就是以變革和獨創、破壞與創造，打開通往近代的門，不，或許說他是撬開時代的改革者更為貼切。

即使在他死後四百多年的今天，他的足跡和功績都大放異彩的同時，也有許多值得我們學習的點。

我會將信長的事蹟與現代經營手法、成功經營者的方法放在一起比較，特別以下面四個例子作為參考。關於這些事件有各種說法，但我參照自古以來的通說來思考以下的事件：

一、桶狹間之戰

二、天下布武

三、鐵砲

四、金崎大撤退

應立大志，小志安於小成功，平生應立志做天下第一等人。

——貝原益軒

一、桶狹間之戰

首先是桶狹間之戰這個例子，所謂「織田軍隊二千人對今川義元軍隊二萬五千人」的說法，縱覽各種歷史資料後我認為這應該是最接近現實的比例。

綜合《信長公記》等資料，這場戰爭的過程如下：

一五六〇年五月十七日，因為今川義元軍隊侵略尾張，前線的碉堡陷入孤立，但信長在決戰前一天的十八日晚上，沒有針對要守城還是出擊召開軍事會議，就去睡了。

聽到今川軍接近的諜報，又聽到松平元康（後來的德川家康）等人的匯報：今川軍游擊隊攻擊織田軍的丸根寨及鷲津寨時，一直都沒有動作的信長，突然在十九日凌晨三點左右彈了起來。他命令眾人馬上準備出擊，自己則一邊唱著「人間五十年，與化天比之，直如夢與幻，一度受此生，此生本應滅」，一邊跳著幸若舞的〈敦盛〉，然後像書中說的「丟下號角，穿上盔甲」，急忙整裝、站著吃東西、穿上甲冑，僅帶著主從六騎在清晨四點從清洲城出擊。

在破曉後，信長於上午八點左右抵達熱田神宮，此時後方大軍也趕上，加起來差不多就是參戰的全部人數。他參拜熱田神宮祈求戰勝，然後在十點左右整頓集合於善照寺據點的兩千兵力，推測敵人在桶狹間的方向，於是舉兵向桶狹間進軍。

這段期間，被命令收集今川軍動向的家臣們，也逐一向信長報告消息。信長得知二萬五千人的今川兵力是分散在好幾個地方，今川義元本人所在的五千~六千人的部隊，此時正單獨地在桶狹間行進，呈現孤立狀態。

信長在聽到這個消息時，應該是認為即使只有兩千人，但瞄準今川義元的首級，集中火力攻擊五千到六千人的話，也許會有勝算。

下午一點左右，桶狹間附近突然下起豪雨，視線變得很差，即使如此，信長仍向前邁進，雨停後馬上遇到今川軍隊，趁著今川軍因為遇雨行動變得遲緩時，信長軍全員一鼓作氣進行襲擊，因為突如其來的猛烈攻擊，今川軍隊陷入巨大混亂。

發現劣勢的義元雖然下令撤退，但戰場已經失去控制，最後信長的貼身護衛隊員毛利新助按倒義元，將之斬殺。今川軍因為義元戰死而被擊破，此戰以信長軍隊獲得全面勝利而結束。

> 人間五十年，與化天比之，直如夢與幻，一度受此生，此生本應滅。[2]
>
> ——織田信長

從桶狹間之戰學到什麼？

當時的戰爭成敗是以「人數定律」所決定，換言之，與敵人作戰的時候，如果比敵人的兵力多，理論上就會獲勝，所以今川軍原本應該不會輸的。

但是史實卻不是這樣。戰場上並沒有總是如此的事情，有時會發生各種偶然或幸運，從而誕生出例外。

面對這種事情，信長大概會說以下的話：「正是因為有嚴謹的戰略、算計與辦法，所以連老天爺都會幫忙。」

信長若正面突擊的話幾乎不可能會贏，所以他一定是想分散敵人兵力，然後集中火力、孤注一擲地攻擊敵人本營，這樣才會有勝算。

雖然我的看法可能只是一種推理，但我將我的想法、所學、經營方式與戰略整理成如下重點。桶狹間之戰可說是「以小勝大」，是一種典型的弱者策略。

2 原註：與活了八千年的神明「化天」相比，我的生命不過是短短一瞬間，如夢幻泡影，沒有不會死的人，所以要提振起果敢的心靈，盡全力奮戰到底。

① 集中火力的戰略

信長不是和今川軍隊全體打仗，不以贏得全面性的勝利為目標。他的目標明確，只針對取得今川義元的首級，以達到部分勝利為目標，藉此將軍隊全員的意志與行動集中於一個點上。

集中火力的戰略，對處於劣勢的弱者來說是通往勝利的鐵則。

日本長照保險制度上路時，我為了讓營業額在十億日圓左右的公司新上櫃，所採取的就是集中火力戰略，也就是讓日間照護專門化。雖然照護的種類有居家照護等十三種，但考慮到沒有那麼多資本額的企業經營資源，我選擇了日間照護。此外，我以二十五坪到三十五坪左右的坪數來當店面坪數基準，這樣的話，無論是開店成本還是維修成本都不會花費太高，能做到有效率地運用。所以在上櫃前，將火力集中在一點上是十分重要的。

雖然比起個人也能經營的居家照護，日間照護的成本較高，但也因此進入這個領域的門檻更高，對營業額在十億日圓左右的企業來說，這種成長戰略是合適的營運模式，這個門檻也有考量到企業客戶的規模。

還有，雖然在二〇〇〇年以後，大型企業陸續進入居家照護等長照事業，但在當時的東京二十三區，沒有一間企業將火力集中在日間照護。也因此，我將開店的區域鎖定在以東京二十三區為中心，人口密度極高的首都圈，我連區域範圍的設定都集中在一點上，結果三年內該公司股票成功上市。

② 奇襲戰略

以奇襲取得今川義元首級的戰略為信長帶來勝利。

因為下大雨所以雙方的視線都變得很差，有人說兩軍相遇只是在不知道情況下的偶然，但無論如何，因為信長軍隊戰意昂然的急襲與奇襲攻擊，今川軍在毫無設防的情況下被攻擊，只能防守，造成敗仗。

無論何時，都要處在能夠發動攻擊的備戰狀態，經常準備的那方較有可能獲勝，這件事就是一個佐證。

③ 不服輸的精神

信長面對「織田軍兩千人與今川軍兩萬五千人」的懸殊兵力，卻不膽怯，可以說他重視思考與精神上的強大，一心一意想著絕對不會輸，擁有像信長般強大的精神力是很重要的。

戰爭的時候，無論今昔，這種好勝心是重要的，像是永不放棄的強韌心智、邁向勝利的強烈執念。雖然放棄是很簡單的，但如果放棄的話一切就結束了，無論是自己，還是家臣、家族或是領地（公司）都結束了。為了守護這些，需要不輸給任何人的好勝心。

借用現代首屈一指的知名實業家、京瓷名譽會長、名統帥稻盛和夫的經營十二條箴言：「經營事業需要強烈的鬥爭心，其程度不亞於任何格鬥。」

——《燃燒的鬥魂》

和現代不同，四百年前的書面歷史記錄，很遺憾可信度並非百分之百，但是大體上可以歸納成上述三點。

因為若非如此，信長是無法獲得勝利的。雖然可能有僥倖的成分存在，但此戰以後，今川家和織田家確實走向完全不同的道路。

我從桶狹間之戰學到奇襲與急襲戰略的重要性。急襲也是奇襲的一種，孫子說過：「凡戰者，以正合，以奇勝。」信長再度向世人證明了二千五百年前孫子曾說過的話。

如同剛才說的長照事業公司，目標為股票早期上市，所以我在這一領域中使用快速展店的戰略，當時還沒有人稱霸東京、橫濱、川崎等首都圈內的日間照顧事業，所以我的戰略就是出其不意地突擊這個區域的敵人。快速展店戰略屬於奇襲的一種，這個策略帶來很大貢獻，乃至最後達成股票上市的目標。

這三點無論在哪個時代都是「以小勝大」的，可以當作是弱者的戰略來應用。

如果各位讀者眼前出現像今川軍一樣的強敵，陷入桶狹間之戰的危機時，不妨將織田信長的「桶狹間之戰」作為指示，並結合現代企業或實業家的成功例子看看。

> 凡戰者，以正合，以奇勝。[3]
>
> ——孫子

二、志在天下布武

我們能向織田信長學習的第二件事情就是「天下布武」，這可以說是信長的經營理念、大目標與願景（明確的未來藍圖）。

用日文的文法來說，「天下布武」就是「將武力遍布天下」的意思。「天下布武」是信長的軍師兼心靈導師——澤彥宋恩和尚贈與給他的，據說信長認為這句話符合自己的理想（夙願），所以相當高興。

光從字面來看，可能會被解釋為「以武力取得天下，一統天下」之意，但一般較多解釋成「以武家[4]的政權支配天下」。無論哪種，都表現出信長希望以武家平定家國、創造和平世界的強烈意向與理想。

此外，也許還包含了「自己是被上天賦予布武使命」的自負吧。

信長在侵攻美濃、將井之口改名為岐阜時，開始使用這個旗印，也就是在他三十四歲的時候。

中國古代的周朝興起於岐山山麓，並開創平定中國全域的太平盛世長達八百年，信長就是取岐山的「岐」與儒學之祖孔子的誕生地曲阜的「阜」，來替岐阜命名。

一般也認為「岐阜」的命名，包含了「信長希望統一天下，延續沒有戰

3 原註：所謂戰鬥，是先用正法立於不敗之地；與敵人打仗時，則順應情況變化，然後出奇制勝。

4 譯註：武家是日本對掌握權力的家族或族系的通稱，一般泛指幕府將軍家族，也用來作為武士階層的通稱。

爭的和平世界，希望能過著有學問的豐富生活」之意。

因為有了「天下布武」這種宏大願景與理念，信長所發動的戰爭也獲得了大義的名分，整合織田軍團的未來目標，加速一統天下大業的進程。由於家臣與部下們感悟到「天下布武」的意涵，自覺到戰爭目的和工作目的，同時也發現身為織田軍團成員一的意義而感到歡喜。

這證明無論在哪個時代，對自己的事業、政治與工作，抱持著崇高的理念、目標與願景這件事情的重要性。

另一方面，信長在僅握有尾張與美濃兩國的初期階段，就已經認真思考「天下布武」，這是他的非凡之處，也讓之後的事蹟得以展開。立大志真的非常重要，這就是我們能從「天下布武」四字中學到的第二件事。

松下幸之助與京瓷的名譽會長、年輕時代的稻盛和夫曾有過一段插曲，內容也與「天下布武」有所重疊。

在稻盛創立京瓷的前半世紀左右，松下幸之助在京都有一場演講。

在那場演講中，松下以「水壩式經營法」為主題，松下認為經營的方法就像在河川築水壩蓄水，需保持一定水量一樣，經營事業時，必需留意時常準備、保持餘裕才行。

在演講結束後的問答時間裡，有一位聽眾對這席話提出質問：

「當然能有餘裕是最好的，但若因為沒有餘裕而感到困擾，請問要如何創造這個餘欲呢？希望您能告訴我。」

松下苦笑著回答道：

「我也不知道方法，雖然不知道，但必須想著不能沒有餘裕。」

聽到這個回答的聽眾，發出失望的責備聲與覆蓋全場的失笑聲說：「什麼嘛，如果事情能這麼順利的話，大家就不會這麼辛苦了。」

但是，稻盛在聽到這段對話的瞬間，身體就像被雷打到般十分震撼。

稻盛感動地想：「原來如此，思考與相信比什麼都還重要，思考方式會反映在經營方法上。因為自己強烈地這樣想、這樣深信，所以才有今天。松下先生說的是這個。」

雖然思考與信仰屬於超越理論的範疇，但稻盛是以自身的經驗為本講出這一席話，所以自然而然地打動了我。

而且稻盛在盛和塾的演講中一遍又一遍說著這個故事。

稻盛注意到松下的這段問答，吹散了長期縈繞在他心頭揮之不去的迷霧。在那之後，他變得更強而有力地經營事業。

京瓷在那之後也設立了更高的目標，希望成為「世界第一」的企業。

稻盛也常說「懷抱夢想」、「實現心中願景」，與這個問題的旨趣都是相同的。

無論做得到與否，最重要的是先思考，並且強烈希望達成目標及實踐願景，然後盡可能地「立大志」。

如果放棄的話就結束了，有時這不是想不想做、做不做得到的問題。

重要的是我們希望實現所思所想，希望具體地實踐願望的強烈想法。

對企業家來說，如果達成經營目標與具體數字是所謂公司的勝利，那麼希望勝利的想法，以及這個想法的強烈程度就是成敗關鍵。

我從信長的「天下布武」中學到這兩件事情，也請各位讀者從「天下布武」之中獲得啟發吧。

人生首重立志。

——春日潛庵

三、在「信長的鐵砲」中看見勝利與革命的法則

說到「信長的鐵砲」，以長篠之戰最為出名。在這個戰爭中，信長以三千挺（有一說為一千挺）的鐵砲，分三段射擊，不間斷地攻擊敵人，以活用戰略的方法，打敗了號稱戰國最強的武田騎兵團。

我參考了各種專業領域的資料，有些資料表示沒有這個史實或沒有三段射擊的說法，不過我受「信長的鐵砲」啟發，時常思考的是從鐵砲這個「新

道具」中，我們能讀出什麼放在現代也能應用的勝利啟示。

鐵砲（火繩槍）於一五四三年第一次從葡萄牙來到種子島時，一挺要價千金（一千兩）。

後來，因為日本鍛造鐵砲，開始國產，鐵砲流傳變得普及，即使如此，一挺仍然要約二十兩（用現在的貨幣換算在一百萬日圓以上）。

所以，如果想要收集一千挺、二千挺的鐵砲，需要兩萬兩、四萬兩等大筆金額。

即使只是幾百挺的鐵砲，也需要極大筆資金，僅依靠全國各大名當時的農業生產力，似乎不足以供應所需。

補齊資金與財政缺口的其他來源，就是從樂市樂座或船運而來，或是港灣、堺等商業都市的收入所得。

無論怎麼說，這就是信長的鐵砲。

從當時身為鐵砲之一的火繩槍來看，鐵砲一族的缺陷是每次射擊的間隔要花費很長時間，而且不耐雨，實際操作時缺乏速度感，無論破壞力或命中的精準度都不敷成本，投資效果頗差。

不只當時的戰國大名，幾乎所有人都不看好這項武器。

如果連信長都只看得到鐵砲的缺點，而不去思考它，就無法將鐵砲有效地運用在戰略上吧。

但信長不一樣。他的目光著重在「新工具」，也就是鐵砲的優點與可能性上，所以他的思考是延伸至未來的。

信長一定是直覺意識到唯有鐵砲，這個開拓時代具革命性的「新工具」能夠讓織田軍隊突飛猛進。

所以信長為了發揮鐵砲的優點，傾注精力與物資在鐵砲的可能性上，不斷重複地改良鐵砲，最終得以開發出克服缺點的戰術，並找到鐵砲新的使用方法及技術。

曾經跟信長只有相對差異的其他戰國大名，如今跟他的距離變成了絕對差異，因為信長為了解決鐵砲問題，他的態度，賭上人生的作法，無止盡改良的過程再加上時間的積累，已與其他大名分出了成敗。這就是信長直覺地理解到，無論是技術也好、事物也好，都會進化，他實踐並採納了「進化的法則」。

如果用松下幸之助的話來說，這就是不去看人的缺點，只看長處的「優點凝視」。

另一方面，我認為可以將「信長的鐵砲」理解成那些掀起時代革命，最先進的技術、新工具或新服務的象徵。還有，新產品、研發或是新店面，也都是同樣的概念。

附帶一提，將「信長的鐵砲」與網際網路、燈泡、ＬＥＤ、手機、電腦、iPhone或Android等智慧型手機登場，或發展的過程合在一起看的話，會領悟到它們的軌跡是相同的。

雖然是題外話，但我想到距今二十多年前，軟銀集團的社長孫正義在一次私人場合中，目光炯炯有神地直言道：「網際網路就是織田信長的鐵砲。」

在一九九〇年代初期，網際網路還是個前途未卜的東西，情況未明下，仍有許多人抱持著否定的態度。

在這種狀況下，孫先生仍然說：「我把自身一切都賭在網路上面了。」

如果那時候孫先生已經預料到網路的命運，會像信長的鐵砲一樣，那麼可以說他與信長一樣慧眼識珠。

孫先生從以前就說在戰國武將中最喜歡信長，可能是將開創時代的信長與自身的姿態重疊在一起，藉此鼓勵自己吧。

當看到後來的時代發展還有孫先生的實績時，他的企業經營判斷可說是再正確不過的。

特別是一九九五年以後，網際網路結合各種功能進化，發生ＩＴ、ＩＣ革命，使我感覺到網際網路的變革與信長使用鐵砲一樣，用「新工具」、「最先進技術」掀起戰略革命與軍事革命進而一統天下。

以我來說，在剛才說的長照保險上路時，我也同樣將它視為「新服務」（「新工具」），並以股票上市為目標。

當各位讀者遇到覺得是「新工具」的事物時，將信長的鐵砲與「新工具」的法則當作啟發，藉此找到自家公司劃時代成長的可能性，甚至掀起革命吧。

> 為公司注入新血，將擴大機會與可能性。
>
> ——孫正義

四、金崎大撤退

和織田信長的時代一樣，現代企業同樣面臨改組、背水一戰的嚴峻戰爭。防守和進攻相同，撤退都是重要的選項之一，因為已經投入了資產與資源，要下撤退的決定相當困難，所以時機特別重要。

我在這裡要將織田信長「金崎大撤退」的遇險故事，當作撤退時機的啟示。

金崎大撤退對信長來說是千鈞一髮的危機，如同江戶前期的軍事學家、「忠臣藏」故事中大石內藏助的老師——山鹿素行所著《武家事記》中敘述：

「一憂金崎、二憂志賀之陣、三憂野田城、福島城之戰。」

事情的始末是這樣：

信長於永祿十年（一五六七年）攻破美濃（岐阜縣）的齋藤龍興，得到美濃，並把根據地從出生地尾張（愛知縣西部）移到岐阜。

隔年，信長將妹妹阿市嫁給了支配北近江（滋賀縣）的淺井長政，締結了同盟關係，在長政的幫助下，信長擊潰了支配近江南部的六角家，並擁戴足利義昭，前往京都。在這一年的十月，信長擁立足利義昭為室町幕府的第十五代將軍。

但是，因為有了「天下布武」的目標，想要自己坐擁天下的信長與將軍義昭的良好關係並不長久，僅一年左右就分崩離析。

雖然一開始雙方關係很和諧，但義昭後來意識到自己只是信長的傀儡，便漸漸痛恨起信長的專橫跋扈。

義昭暗中聯絡能夠對抗信長的勢力，策畫將之擊倒。在這些勢力中，也包含國境與信長接壤的越前大名朝倉義景。

永祿十三年（後改號為元龜元年，一五七〇年）一月，信長向京畿內與鄰近各國的諸大名發送文件，希望他們上京來修理皇居或為幕府所用。發這封信件的用意是為了對各大名進行篩選，換言之，如果違背皇宮或幕府權威，不遵從上京命令的人，就會被信長當成是敵對勢力。

許多人響應這個進京的命令，像是北畠具房、德川家康、三好義繼、松永久秀等人，而較遠地方的人則會派遣使者進京，但是朝倉義景卻沒有任何音訊。

同月，信長對義昭提出「五條規約」，對義昭加以限制，逼他承諾「天下政務委由信長治理，不需考慮將軍意見，由信長的意見決定之」，他開始對天下發號施令。

信長以有人違背幕府命令為由，於元龜元年四月二十日領著三萬大軍從京都出兵，名義上為討伐若狹（福井縣西南部）的國人——武藤友益，但他真正的目標當然是為了攻打朝倉。

朝倉家與織田家，原本都是臣屬於守護大名[5]——斯波家的家系，但朝倉在這些家系中是直屬將軍的家臣，朝倉身為名門甚至曾被任命為守護代[6]，與此相比，織田家只是家臣中的家臣，屬於陪臣身份，地位較低下。

如果朝倉答應了家世背景比他低下的信長要求而進京，那就是居於織田下風，昭倉義景的自尊不容許他這樣做。

於是，信長率領三萬大軍出兵，不過這個軍隊的陣容裡還有德川家康、幕府眾人、屬於朝廷的飛鳥井雅敦、日野輝資等人。在這個意義上，信長是以身為政府軍的總司令發兵。

二十三日信長越過若狹與越前的國界，二十五日抵達敦賀，並在這一天攻陷由朝倉麾下的武將——寺田采女正留守的手筒山城，這是金崎城的支城。隔天二十六日，他迫使與義景同族的朝倉景恆打開了堅守的金崎城。

5　譯註：戰國大名的一種稱呼，名義在幕府之下。

6　譯註：各國守護大名常居於政權核心的幕府所在地，所以通常領國內的事務會委任代官執行，即為守護代一職。

然而，妹夫淺井長政卻對信長的行動抱持疑問。

淺井家與朝倉家從父執輩起就是同盟，雙方關係近似主僕，是往來許多年的友人。過去淺井家在與支配近江南部的六角家抗爭中，屢次向朝倉家尋求援助，如果沒有朝倉家，淺井的家名都還不知道守不守得住。因此在兩年前，當淺井與織田締結同盟關係，並和阿市結婚時，提出了「不攻打朝倉」的條件。

儘管如此，信長還是食言了。

當長政還在煩惱該站在多年友人還是大舅子那邊時，攻陷手筒山、金崎兩城的信長，已經氣勢如虹地越過芽　，逼近朝倉的根據地一乘谷。

四月二十七日，「長政謀反」的消息突如其來地傳到信長本陣。

信長相當錯愕，一開始，他認為長政謀反的情報是朝倉放出假消息，並不怎麼相信，除了信賴長政以外，一方面也是信長自信「阿市都嫁給他了，他不會背棄同盟關係」。

但後來不斷有「長政謀反」的消息傳入，信長判斷情勢「如果這樣下去，會遭到越前的朝倉和北近江的淺井夾擊」，於是急忙整兵，決定由若狹街道往京都撤兵。

長政領有北近江，所以他舉兵代表已經斷了侵入越前內部的信長三萬大軍退路。

有一段關於阿市的軼事也是這時誕生的，傳說阿市送給哥哥信長兩端被緊縛著、裝有小豆的袋子，藉以暗示信長的狀況如同「袋中老鼠」。

信長放棄攻打朝倉，二十八日晚上開始急速撤退，此時羽柴秀吉、明智光秀、幕臣池田勝正則作為殿後部隊（列於軍隊的最後尾，負責阻止敵人追擊）留在金崎城，這支部隊受到朝倉的追擊，據說有一千三百名以上的士兵被殺死。

信長只帶了身旁的近衛隊，也就是馬迴眾一勁地奔向京都。當信長好不容易抵達京都時已經是三十日的深夜，跟在他身邊的人只剩十人左右。

不過兩個月後，重新整頓的信長帶領了三萬多名大軍出兵，在「姉川之戰」中擊破淺井、朝倉聯軍。

撤退是王者的戰略

回顧這個事件，從「金崎大撤退」中能夠學到的商業思考與經營方法，第一個就是撤退的時間點。如果再晚一天事態會變得如何呢？可能會造成更大的損失，受到毀滅性打擊也說不定。

正因為信長緊握著大局，在造成致命損傷以前就先行撤退，所以兩個月後才能再度發動攻擊獲得勝利，這正是策略性退場。

在戰爭中，所有的手段與目的都是為了獲勝。想要達成終極目標「天下布武」，在必要的時刻就必須展現魄力，勇於迅速退場。

第二件事情，就是不要管自己是政府軍總司令官的面子，鼓起勇氣拋下一切，該撤退的時候就要撤退，這攸關下一次成功的機會。

無論是企業也好、人的一生也好，都不是一帆風順，總是載浮載沉，經常發生危機與意料外的狀況。

遇到這種時候，端看是能否「全身而退」及「策略性退場」。

撤退是策略性的，或者說，它應該是策略性的，撤退並不是放棄戰爭或打敗仗，而是通往勝利的一個過程。

我曾是HARDOFF公司的第二代社長，因為當時音響市場萎縮超過一半，我在公司瀕臨破產之際，將事業組織改造成二手商店。

如果一直覺得還撐得下去，抱著船到橋頭自然直的期待，繼續毫無作為的話，就一定會破產。總之要在最後的時機撤退，如何看清這個時機是困難的，卻是非常重要的。

撤退也是清算自己組織的錯誤與承認失敗的時刻，除了清算投資在事業上的心血以及大量成本外，也等於公開承認過錯與失敗。而且，如果撤退是肇因於自己的失策與錯誤，那還真的是顏面掃地，不僅心情苦澀，事業也一敗塗地。

這種時候，信長在「金崎大撤退」的決定就能成為心靈支柱，就連歷史名將都急忙撤退了，撤退時不要管顏面什麼的，也不要害怕失敗的指責。

也有一句話說「撤退是王者的戰略」，當各位讀者迷失在「該前進，還是該後退，或是應該再看看狀況」的決擇時，信長「金崎大撤退」的故事，或許能成為讀者下決定或策略性退場時的判斷或提示吧。

> 所謂勇氣並不是一味前進，退守的沈著果敢也會餵養勇氣，具備兩者才是真正的勇氣。
>
> ——新渡戶稻造

CHAPTER 3

豐臣秀吉——以轉換想法帶來變革

Perceptional Change

What Every Business can Learn from Great Leaders in the History

以轉換想法帶來變革

豐臣秀吉

一五三七～一五九八

與織田信長、德川家康相提並論的三英傑之一，也有木下藤吉郎、羽柴秀吉等名字，後來改姓為豐臣。農民出身的秀吉，從侍奉織田信長的僕人開始做起，後來經過炭薪奉行一職以及清州城的分段承包等事件，嶄露頭角。君主織田信長在本能寺之變中被明智光秀討伐後，正在攻打備中國高松城的秀吉，以史稱「中國大返還」的行動返回京城，並打敗明智光秀。秀吉繼承信長的地位統一天下後，成為關白[1]位極人臣，他也是在這時期改姓豐臣。天下一統後，秀吉頒布了太閤檢地[2]、刀狩令[3]、總無事令[4]等政策，享年六十二歲。

1 譯註：日本古代官職，權力類似於攝政王，關白退休後即稱太閤。

2 譯註：豐臣秀吉在日本全國推行的檢地（農地測量與收穫調查）的總稱。

3 譯註：要求武士以外的僧侶及農民放棄手中的武器的政策。

4 譯註：大名之間若是因領土問題起爭執，不可進行私鬥，須由豐臣家進行仲裁。

解決信長潛在需求的秀吉CS戰略

人的一生真是不可思議，誰想得到沒有家世背景、農民出身的豐臣秀吉，從拿草鞋的職務、織田信長的僕人，最終變成奪得天下的太閤。不僅他身邊的人沒想到，他本人一定也沒有料到吧。

但事實上就是發生了，豐臣秀吉成為一統天下的人，成為關白位極人臣。為什麼他能夠一躍成為誰都無法成為的人，這個秘密與關鍵是什麼？秀吉又有什麼可以作為現代人成功的參考呢？

還有，說到現代，能夠匹敵秀吉的人物又是誰？

我想應該是被稱為「當代太閤」的前首相田中角榮吧；如果是經濟界，那應該是Panasonic的創辦人松下幸之助了。京瓷的創辦人、名譽會長稻盛和夫也是從鹿兒島極平凡的家庭出身，到最後創立了國際型企業，或許也可以說他近似於豐臣秀吉。

秀吉不像信長是創業者的類型，他比較偏向身為上班族力爭上游的類型，要譬喻的話，秀吉像是重建朝日啤酒的前會長樋口廣太郎，樋口是徹底追求「所有一切都是為了顧客」以及顧客滿意（Customer Satisfaction＝ＣＳ）的人。

在秀吉數十年的人生中，我覺得最有魅力的一段時期，是在他流浪各國後，一五五四年開始成為替織田信長拿草鞋的僕人，直到統一天下前的這段時間。一統天下，成為關白、太閤位極人臣，說秀吉的一生是戰國第一出人頭地傳奇也不為過。

我自己到現在都還清楚記得，當我還是中小學生時，為吉川英治的《新書太閤記》以及ＮＨＫ由緒形拳主演的大河劇《太閤記》而打動的心情，在那之後，秀吉的故事也無數次地以各種形式被拍成電視劇或電影。

在秀吉通往一統天下的道路上，值得學習的事情不勝枚舉，像是在冬天寒冷時節用胸口溫暖信長的草鞋這段故事，或是清州城石牆的分段承包、任職炭薪奉行時的軼事、墨俣一夜城的傳說、在金崎撤退戰中擔任殿後部隊、水攻高松城、中國大返還、和明智光秀的山崎之戰、清洲會議、和柴田勝家的賤岳之戰、小牧——長久手之戰、小田原之戰等等，這些事跡都顯露出秀吉開朗的性格、行動力和機敏，這樣的形象至今仍印烙在日本人的心中。

秀吉的參考文獻以小瀨甫庵的《太閤記》、《川角太閤記》、《繪本太閤記》、《太閤素生記》、《武功夜話》（又稱前野家文書）等較有名。

但是這些史料不像現代的紀錄或傳記，正確性與可信度仍值得懷疑，不過即使假設這些故事不是歷史真實事件，我們仍然想像得到秀吉可能會這樣做，我們可以將這些事件當作歷史的啟發，並從中學到教訓，這點是不會改變的。

本章內容是以秀吉膾炙人口的故事為基礎，進而嘗試思考我們可以從他身上學到什麼。

我曾經為了想知道秀吉是如何遇到信長、如何渡過拿草鞋的僕人時代，而到愛知縣江南市去取材。

會到此地，是因為有人說，秀吉是由信長最喜愛的側室生駒吉乃（信長嫡子信忠、信雄、德姬的母親）介紹、舉薦給他的。順帶一提，嫡子信忠是在吉乃的娘家生駒宅邸誕生的。

在當地到處走走的話，會深深感覺到秀吉應常常出入以馬匹運輸為業的富商生駒家，而生駒家旁邊就是秀吉一生的盟友蜂須賀小六正勝和前野將右衛門長康（《武功夜話》的前野家）的住所，秀吉、小六、將右衛門三人在出仕信長以前，很有可能已經透過生駒宅邸成為好友，在走過去的不遠處，還留著生駒宅邸當時的門。

另一方面，秀吉在侍奉信長的僕人時代，應該也曾在這裡替他拿過草鞋，這一區就是有那樣的歷史感與氣氛。

拿草鞋的故事如下：

秀吉的傳記之一《繪本太閤記》中如此記載：「藤吉郎成為飼馬員，閒暇之餘會不時撫摸馬的身體，所以馬毛色澤十分美麗，此事被信長留意到，便吩咐他提草鞋。而在寒冷時節，藤吉郎會把草鞋放入自己的懷中使之變得暖和。」

換言之就是某天雪夜，信長做完手頭上的事情要回家，從房間出來正要穿草鞋時，發現鞋子是暖的。那瞬間信長大怒道：「豈有此理，你竟然一屁股坐在草鞋上！」說罷就要斬殺秀吉，但秀吉卻理直氣壯地堅持說：「我沒有坐在上面。」信長說：「草鞋變暖就是最好的證明。」秀吉回答道：「因為是寒冷的雪夜，想說您的雙足應該較為冰冷，所以我將草鞋放進懷裡使它變得暖和。」

信長問說：「那證據是什麼？」秀吉就敞開衣襟給他看，他的胸口印有清晰的草鞋痕跡與泥土。信長瞬間感動，馬上將秀吉拔擢為拿草鞋的總管。

秀吉拿草鞋這段故事與現代商業考量市場需求的想法十分吻合，開發新商品或新事業時，需回應重要的潛在需求與渴望。

潛在需求或渴望不會具體顯現於外，所以很難發掘，許多情況是做消費者調查也不會被發現的，因為就連消費者本人都沒有意識到。

即使秀吉問信長需要什麼，對方也不會說想要天冷時幫我溫草鞋，這是因為在嚴寒冬季裡草鞋當然是冰的，看不到潛在需求，就連信長自己也沒有察覺到。

但是，明明誰都沒有拜託秀吉，信長也沒有，他就將草鞋放入懷中溫暖它。秀吉自己主動溫暖草鞋，想讓信長穿草鞋的瞬間不會感到冰冷。專心致志在做的事就是不讓對方寒冷，使他開心。

換言之，信長可以說是秀吉的顧客，為了讓他高興，所以盡可能在拿草鞋的工作上滿足他，可以說秀吉一心一意地在追求ＣＳ。

結果信長對秀吉產生高度評價，而這成為秀吉將來出人頭地的開端。無論多卑微、多被人瞧不起的工作都能轉為成功的機會，這就是明證。

思考這個故事時，我發現無論是過去還是現在都沒有改變，這故事印證了我對開發新商品與新事業的想法。

我是用下列簡單的思考進程在嘗試開發新商品與新事業的。雖然可能有所重複，但即便是秀吉拿草鞋的故事，也能從旁佐證思考的適切程度。

①思考「自己的客人是誰？」

②重新思索追求顧客滿意（讓顧客感動）的目的。

③為了達成那個目的，對顯現需求與潛在需求進行思考和分析。

④分析潛在需求的時候，從所有角度檢討「顧客沒有不平、不滿、不便、不足、困擾的事情或問題嗎？」

⑤如果發現有問題，（建立假設）思考解決對策。

舉例而言，信長的狀況就是「在下雪的寒冷日子裡，穿上草鞋的瞬間腳底不會感到寒冷嗎？」秀吉就是發現並注意到這一點。

雖然解決對策很簡單，就是溫暖草鞋。說到方法，就要在自己能做到的範圍內，以秀吉的狀況而言，就是將草鞋放入懷中溫暖它。

這樣看來似乎是很簡單的事情，但在日常工作中，偵查到潛在需求，或是察覺到本人都沒有意識到的需要與願望，意外地有許多困難之處。

附帶一提，上述解決問題的思考路徑，我是從日本定食餐廳大戶屋的概念衍生而來的。本來日本的定食業界是沒有女性的，大戶屋為了方便女性進入定食店用餐，採用了乾淨、健康及價格合理的策略。我懷念地想起在一九九〇年前後，已故的大戶屋前社長三森久美在開發新型態事業時，認為女性族群對定食有龐大的潛在需求，故我們展開了許多討論。我認為當時很少人像我們那樣，對於定食店的做法與未來抱有強烈疑問與問題意識，並思考如何拓展連鎖店。

同樣的脈絡下，當我思考摩斯漢堡時，概念也是一樣的，所以最後就誕生出在漢堡中加入味增與醬油的美味和風漢堡。

在一九七〇年代初期，使用美式醬料的漢堡是主流，後來以點餐後現做的方式出現了和風口味，像是照燒漢堡或是摩斯漢堡。

在當時的社會趨勢中，很少人注意到和風漢堡的潛在需求，只能說這是創辦人櫻田慧的市場敏感度與慧眼識珠，之後米漢堡與碎米粉炸的摩斯雞塊，都是從這個概念誕生出來的。

從一九九〇年代開始，人們變得頻繁提及現在常講的追求顧客滿意度（ＣＳ），以秀吉拿草鞋到出人頭地的勵志故事來看，無論從事什麼工作，ＣＳ戰略以追求顧客滿意為成功的法則，這件事從古自今都是不會改變的。

> 如果成功有秘訣，大概就是從他人的立場觀察事物吧。
>
> ——亨利・福特

秀吉式創新

第二個想以秀吉為參考的事件，是發生在大約四百五十年前的「拔擢為炭薪奉行」一事。所謂炭薪奉行，以現代來說，就像是由上頭委任，管理木炭與薪柴部門的課長。

我自己在管理企業的時候，會經常思考「去除贅肉的經營方式」、「開源節流」、「（合理的）降低成本」等事情，而啟發我的就是炭薪奉行這個事例。我看了許多資料後將事件重點整理成如下：

① 信長不喜歡前一位炭薪奉行的做事方式，因為沒有充分降低冬天使

用與購買炭薪的數量與成本，改善效果不彰。清洲城時代的織田家，還只是個從事風險投資的中小企業，一千石左右的量，換算成經費都是不容小覷的金額。

②所以秀吉思考了為何是自己被拔擢。信長的目的與意圖到底是什麼？秀吉比較了前任與歷任的炭薪奉行做事方式後，認為應該要更節約炭薪並從根本改善問題，他把這個目標視為自身的任務。

③雖然信長並沒有具體命令要削減什麼開支，但秀吉想要盡最大能力讓自己的客戶，也就是信長感到高興與滿意。

從古至今皆然，一開始秀吉為了把握現狀，所以到了使用炭薪的現場去視察，並叫人徹底分析前任奉行的做法、歷年的做法與使用量的數據，秀吉認為此事無法順利進行甚至失敗必然有其成因，因此從中學習是第一步。

原來過往的奉行都希望藉由降低成本，以及徹底「節約」炭薪的使用量等短視近利的做法達到目的，因此家臣們以奇怪的方式縮減使用量，像是只有在巡視的人來時才把火關小或熄滅等等，家臣們使用這種隱微的形式節約，對解決問題沒有效果，甚至嚴格地下令「節約」，會讓人產生壓力，反而造成負面影響與反效果，換言之，歷來的奉行都只在眼前「事情範圍內」設法解決問題。

即使在現代，只用這種做法也是無法改善問題的，這種方式缺乏置身「事情範圍外」綜觀大局的視野，無法看見根本問題。我在實際改善或改革企業經營時，也會提醒自己不要陷在狹小視野的惡性循環中，講得極端一些就是不要陷入鬼打牆的狀況。

另一方面，在仔細清查購買記錄、帳本與當地山林的結果後，秀吉發現價格設定不當、摻水，甚至有時負責人還會收取商人的賄賂，這樣是不可能改善現狀的。雖然也可以藉此追究前一任官員或負責人的責任，不過針對這塊秀吉暫時隱而不發。

④另一個原因是冬天時，家臣們會有較長的時間待在城中或宅邸內，所以冬天炭薪的使用量增加，成本無法降低。但是秀吉認為，不應該將眼光放在炭薪使用量的多寡上。

當時許多戰爭都發生在雪融的春天到秋天這段時間，冬天則休戰，說冬季是家臣、士兵們休生養息的時節也不為過，即使家臣們進城晉見主君，也習慣一邊往火盆裡添加炭薪取暖，一邊喝茶閒聊度過一天，這是很平常的事情。

說到底，大家就是無事可做，秀吉認為這才是問題的根本與本質。要改變這個習慣，就不得不改變組織的文化，只是照著歷年的做法節約、降低能夠降低的成本，其效果實在有限，真正的答案其實在組織內部。

⑤同時，秀吉向家臣和士兵們說：「因為冬天很寒冷，所以不必客氣盡量使用炭薪暖和身體。」並透過上級許可，廢止歷來使用許可制的

炭薪管理方式，讓每個人可以隨心所欲地使用炭薪，他認為這種方法才能更好地活用人力。

⑥秀吉對信長進諫道：「大家都待在城內宅邸或房間中才是根本問題。」秀吉向信長提議改善織田家的組織以及文化，像是過冬的方式。當信長聽到這個匯報時，一定讚嘆地想：「這傢伙是可造之材！」

⑦信長了解秀吉的報告內容後，就將一要職任命給秀吉，讓他來決定平時的每日活動，例如修繕武具、武術訓練、打禪、從事土木工程、清掃城內外等等，並要他嚴格執行，不給家臣們閒賦在家的時間。結果炭薪使用量減少至平常的三分之一，而且即使在冬天，織田家的人也像戰士一樣被鍛鍊著，最後形成強大的織田軍團。

被說是經營之神的 Panasonic 創辦人松下幸之助總是隨處就說：「降低一成的成本很困難，但降低一半就可行」，我認為他是從自己的經驗出發，試圖表達出不要被眼前事物侷限以及改變想法的重要性。

無論哪個企業，若是只在現有的狀況中改善與改良，想要降低五%的成本都是困難的，這種情況下，若要縮減十%的成本，就必須要像扭乾掉的抹布那般努力才行，卻得不到什麼效果。

但若一間公司的目標是降低五成的成本，就得從根本去修正設計或生產等層面來重整組織，許多打破僵局、劃時代的發展與創新革命都是這樣誕生的，同時更能發揮出員工的潛在能力，這種降低成本的方式與活用人才的經營方式息息相關。

松下先生想說的是，無論什麼困難的狀況都一定有突破口，如果能明白這個道理，事情就會變得簡單許多。

希望各位讀者在思考降低成本的必要性時，也請一併思考「文化改革」及「根本改革」的必要性，進而實現改革創新。

在這個意義上，不如將秀吉「炭薪奉行」的故事，作為轉換想法與改革的一個啟發吧。

降低一成的成本很困難，但降低一半就可行。

——松下幸之助

秀吉的清洲城分段承包

這章要說的秀吉事例，是我在做許多專案計畫時都會拿來參考的。大家每天一個接一個地應付各種狀況，會變得惰於從第三者的立場思考，懶得用旁觀大局的視野（事外）來俯瞰事件，此時就可以拿秀吉的事例做為比較，置身「事外」地驗證事件本身，這樣做的好處是因為我們跨越了時空，所以能夠更客觀的看待事情。

四百多年前的這個事例，也是從競爭原理誕生的「各部門分別計算業績」制度先驅，我對此十分感興趣，可以說從這個事件中，能夠看到古今不變，永恆的成功真理吧。

秀吉是日本史上首屈一指的築城名人，而這個稱號的起點，或許就是清洲城分段承包事件，又被稱為「三日普請」。本章節會透過這個故事，一起來思考秀吉式活用人才的經營策略以及管理真諦。

那麼，前言不小心寫得太長了，一起來看這則事例吧。

以江戶時代小瀨甫庵的《太閤記》或《繪本太閤記》為開端，秀吉這個膾炙人口的故事，一定有許多人知道。

這件事發生在信長孤注一擲的桶狹間之戰（永祿三年，一五六〇年）不久前，為距今四百五十多年前的故事。

當時信長的尾張，被今川、齋藤、朝倉、武田等敵國包圍，每個鄰國都虎視眈眈地瞄準尾張，盤算著「一有機會就進攻」，所以尾張陷入危險的狀況。特別是被稱為「東海道第一弓」的今川義元，使用計謀逐步侵蝕了信長的家臣以及領土。

另一方面，在這個以下犯上的時代中，無論是背叛還是謀逆，在日本全國都是家常便飯。

即使是信長也會看準時機，趁兄弟親戚、家臣等人睡著時砍下他們的項上人頭，這是真正的弱肉強食時代，到了緊要關頭都不知道誰是朋友誰是敵人，完全大意不得。信長就處在這內外夾擊的緊張狀態中。

此時就發生了這件事：清洲城的修復工程。

關於事件經過，我摘要整理了江戶時代的《繪本太閤記》，所謂「繪本」，是指書中每個重要場景都會附上充滿臨場感的插畫，跟給現代孩子看的繪本有些許不同，這本書在當時是第一名的暢銷書。

有一次，信長居城清洲城的城牆與石牆，約有百間（一百八十公尺）左右的長度損毀。城牆與石牆是防守時的重點，如果城池的城牆與石牆崩毀，守備力就會大幅滑落，不儘早修復的話，遇到敵人突襲，清洲城撐不了一刻。因此信長緊急命令與支城鳴海城城主同族的山口九郎次郎進行普請，以修復清洲城，但過了二十幾天後依然沒有完工。

事實上，山口已經和今川勾結，故意延遲工程將完工日期拉長，在緊要關頭時，二十天都可能會引發致命失敗。

懼怕的秀吉嘟囔道：「在戰國這個亂世，城池花了二十幾天還是沒修好，如果鄰國強敵來襲的話我們要怎麼辦呢，真是危險。」

聽到這話的信長問他說：「猴子！你有不用花上數日就能修理城牆的辦法嗎？」秀吉馬上恭敬地回道：「如果我是奉行的話，不出三日即可完工。」

信長就說：「那麼就命令你在三天之內完成。」猴子是秀吉的綽號。

秀吉馬上向上呈請五百位雜工與兩百貫文錢（換算成現代幣值，大約是一千六百萬日圓），將百間的修復工程分成十等分，由十個工班負責，一間配給五人（兩名工匠、一名水泥匠、兩名打雜），以分段承包的形式，明確地劃分責任範圍，較快完成的工班就能獲得表揚，藉此讓他們相互競爭。

另一方面，山口九郎次郎因為被解任而心懷怨恨，立刻就想妨礙秀吉的差事分配，於是他將工匠師傅們召集起來，囑咐他們妨礙秀吉工作，山口的計謀就是要工匠與泥水匠在修復工程第一天上午表現得很遲緩，換言之就是要他們陽奉陰違、混水摸魚。

對工匠們來說，這就是在織田家重用的家臣山口，以及僕人出身的秀吉兩者之中做出選擇的時刻。

而秀吉看到他們當天上午緩慢工作的模樣後，就在中午十二點，召集了工匠師傅以及雜工們。

秀吉認為，不讓他們打從心底明白修復工程的重要性與意義是不行的，便給予他們信長賜下的感謝之酒，一面款待他們食物，一面說道：「我很滿意大家今天早上勤勉工作的模樣。」之後才緩緩地說出核心主題。

「清洲城是領主信長大人重要的城池。大家可以安心地居住、生活在這裡，長年在此地持家養育妻小，都是多虧了信長大人守護著尾張的緣故，大家絕對不能忘記這件事情。

如今，這位領主之城的城牆年久失修，但強敵環伺。修復完工的時間一再延期，如果美濃的齋藤或駿府的今川攻打過來，信長大人該如何防守呢！

一旦讓敵人攻進來，不只城鎮鄉村一片狼籍，妻小與家族也必定會悲慘地失去性命。

絕對不能讓這種事情發生，一想到有這種可能，大家私毫不能懈怠，即使粉身碎骨也要讓城牆修復及早完工，如果能趕在三日內修復完成，信長大人還會賜給諸位二百貫文錢為獎勵，還請大家心懷感激地收下。」

秀吉窮盡情義與道理說服工匠師傅、泥水匠和雜工們。

據說他們聽到這番話後痛改前非，想到信長的君恩而感動的流下淚水，從此洗心革面，能夠改變他人意識或想法的秀吉非常厲害。

隔天開始，工匠們不尋常地表現出勤勉工作的樣子，這種改變讓秀吉十分高興。

秀吉誇獎並督促鼓勵大家，還敲著梆子與太鼓製造工作的節奏，讓大家專心一致。工匠、水泥匠和雜工們不分晝夜地趕工，最後秀吉遵守了和信長的約定，在三日內完成修復工程。

工作的意義與共享價值

我從《繪本太閤記》裡這個故事學到的第一件事，就是為了提振人的士氣與動機，並發揮出最大工作能力，最重要的是要讓每個人理解工作與勞動的意義和使命，讓所有人從心底共享這些價值。

秀吉明白勞動的意義與目的，也就是「為了什麼而做」以及「為了追求什麼」。如果不知道這件事情，屬下們是無法行動的。而且，達成目標時的獎勵也要十分明確才行。

讓我感到震驚的是，無論是現代還是四百年前，要讓人工作的道理都沒有變。

接著要注意的就是我從《繪本太閤記》中摘要出來的，秀吉講話的開場白和傳達方法。大家談話的內容得要像秀吉這樣簡單明瞭，這件事情十分重要，講話時必須思考一個誰都能理解的邏輯，這個邏輯要簡要而且具體，是每個人都能理解又容易傳達的。

即使放在現代，當我們想要傳達工作的意義、提高士氣或動機時，秀吉的這段談話就是我們能拿來運用的邏輯、措辭及表現方式。

而且相比之下，現代的比起秀吉時代來說文明已大幅躍進，我們應該要有超越秀吉的表現方式與傳達方法才對。

舉例來說，包含「助詞」在內，需要更加留意語言的細微差異之處，因為聽的人不同，也會有被曲解的可能，在這個意義上，即使是一個用字遣詞，也要十分注意，這件事非常重要。秀吉不愧被說善於籠絡人心，在這方面他真的有一套。

第二，秀吉和信長承諾自己三日內就可以完工。立下交貨期限的重要性放在現代也是一樣，明確地承諾並發誓會在時效內完成，這就是立約的重要，如果失敗的話，秀吉當然會降級、減俸，根據情況不同，應該也有被織田家流放，甚至切腹的覺悟，秀吉是背水一戰。

第三，將易於管理的單位劃分給責任明確的小團體。秀吉將城牆與石牆以一定長度，也就是一間的單位做劃分，每個作業區都有負責人，五人為一組。這和京瓷各部門分別計算業績制度的經營方式類似，就是將經營管理透明化，試圖追求最佳的工作效率。

第四，活用梆子和太鼓。這在製造工作節奏時十分有效，讓大家更能意識到工作節拍、氣勢以及傳達的事項。

旗下有朵茉麗蔻等品牌的大型直銷公司再春館製藥，就是在現代以活用太鼓並有成果而出名的公司。

因為社長的介紹，我得以參觀這間非常大，只有一層樓的辦公室，我對他們員工活躍工作的姿態感到相當欽佩。

像秀吉這樣的歷史故事，可說是充滿先人智慧的寶庫。若能將每一個歷史的現象置換到現代，和自己的思考方式或方法論做比較，甚至比較意義與運用的手段，就更能看出自身的思考是否恰當。

這個從年輕時就知道的故事，於我而言，是教導我從歷史與先人智慧中學習的重要性。

另一方面，只要領導者指揮得當，無論是經營、管理還是專案進行，怎麼樣都會有辦法的，這個事件就是例證。

當大家想讓專案成功、想要做出成績的時候，就試著將秀吉分段承包的故事和自身作法拿來比較看看吧。

> 正因為一個團體的基底流動著大家共享的哲學、經營理念與價值觀，所以無論組織怎麼細分切割，公司也能宛如一個生命共同體般發揮整體功能。
>
> ——稻盛和夫

意料外的本能寺之變與禮數的重要

人生不知道會發生什麼事情，而且也不知道什麼才是幸運，正所謂塞翁失馬焉知非福。

在這章節中，我想討論可說是秀吉一統天下原動力的兩件事，那就是「本能寺之變」和「中國大返還」。

時間要回溯到大約四百三十年前。

一五八二年（天正十年），秀吉帶領兩萬五千名大軍進攻中國地方。四月下旬，秀吉的軍隊甚至攻入岡山，但即使是秀吉軍，也難以進入以堅固聞名的備中高松城（岡山市）。

因此秀吉向織田信長請求援助，與此同時，他也詳細地分析了地形，進而想到的策略，便是築堤將足守川截斷的「水攻戰略」。

與其說水攻戰略是打仗，不如說是土木工程，這個戰略不僅避免因實際戰鬥而帶來的耗損，還孤立了高松城，有效地阻礙敵人的兵糧補給，也截斷毛利軍的情報來源。

秀吉軍日夜不停趕工建造堰堤，在十幾天內就完工，堰堤長三公里，高七公尺，而且時值梅雨季節，淹水的策略很快就發揮效果。

另一方面，秀吉對毛利軍隊放出傳言，說信長的五萬多名大軍即將蜂擁而至，持續給予毛利壓力，並暗中和毛利軍接觸，談判有助於和平的條件。最好的戰略就是不戰而勝，並達成天下布武的目的。

但是六月二日早上，正當秀吉因為水淹攻擊而勝券在握時，另一邊發生了本能寺之變，君主信長被明智光秀襲擊。

這是晴天霹靂，意料外的驚天動地大事件。

六月三日半夜，秀吉知曉了本能寺之變的消息，驚愕並且哭泣，他決定發動戰爭以慰信長在天之靈。

據說秀吉之所以會知道信長橫死這個決定命運的情報，是因為光秀派遣給毛利的密使誤闖入秀吉軍營的緣故。

因為秀吉身處的戰略位置不僅截斷毛利的情報來源，還遍布了自身的情報網。

知道本能寺之變消息的秀吉相當震驚錯愕，但因為黑田官兵衛的一句「大人，機會來了」而回神，秀吉冷靜地思考對策，首先是不能讓毛利知道「信長已死」的消息，他即刻決定在當天夜裡截斷山陽道，同時放寬談判條件，快速與毛利談和。四日的早上，秀吉向毛利提出希望和解的要求。

秀吉隱匿信長橫死的消息，向毛利提出和解內容如下：

如果備中高松城主——清水宗治切腹的話，就能拯救城內士兵的性命，而原本條件要求割讓給織田家的毛利領國，備中、美作、伯耆、出雲，可以縮小範圍至備中、美作、伯耆。

毛利家考量到信長即將率領大軍而至，加上因為水攻與截斷兵糧策略，高松城已陷入危急的狀態，宗治為了主君，為了「能夠拯救部下五千人的性命」以及名譽而決定自殺，雙方達成和解。

同一天，在秀吉的大營前，宗治乘著小船，吃著秀吉贈送的酒肴，喝下最後的交杯酒，並舞一曲能樂〈誓願寺〉後，毫不拖泥帶水地切腹自殺了，享年四十六歲。

〈誓願寺〉為阿彌陀佛信仰的能樂，內容描述和泉式部的靈魂成為歌舞菩薩，並用歌舞讚嘆成佛的喜悅，透過這首歌，能夠充分體會到清水宗治的心情。

宗治的辭世句為：「浮世唯有今日渡，武士名存高松苔。」

宗治在成為毛利家的家臣後，為小早川隆景的部下，並參軍幫助毛利平定中國地方，極為忠誠且勤勉，深得以隆景為首的毛利高層信賴。

後來一統天下的豐臣秀吉將宗治的兒子景治提拔成大名，並試圖說服對方成為家臣，但景治拒絕了，他選擇成為小早川的家臣，想必是繼承了父親的遺願、想法與志向吧。

雖然此時的秀吉因為信長之死想要儘早回京，但仍盡全禮數「要目送名將清水宗治直至最後一刻」，在陣營前一動也不動，而且因為不能被別人看見焦急的姿態，所以態度悠然也是必須的。

這個態度也成為其他人會相信秀吉的重要因素吧。

據說後來會見小早川隆景的秀吉讚嘆道：「宗治是武士之鑑。」這番言論保全了小早川的名譽，所以小早川在受秀吉的器量吸引的同時，一有機會總是說著宗治精彩的事蹟。

清水宗治盡家臣之忠，捨生取義的人生態度，也使他的名字永存後世。

像這樣，秀吉活用了清水宗治一事，也獲得了小早川隆景的效忠。

雖然是題外話，但宗治有留給兒子名為「德行一事」的遺言。

德行一事

知恩圖報，不求他人的慈悲正直，盡心盡力，聽天由命。

戮力從公，用人謹慎，小心行事。

埋首公事，不可耽溺於酒與女人。

六月三日清鏡宗心

儘管是在切腹的前一天，宗治卻不是寫下自己的遺憾及悔恨，也不是傷懷與家人離別，而是留給最愛的兒子三行遺言。

換作是我，也能體會到他顧慮子女將來的父母心，這就是親子之愛啊，即使放到現代也是共通的。

以上就是本能寺之變與第一次知道消息時，秀吉的應對，這裡要進一步思考的是，當意料外的狀況發生時該怎麼做？

如同剛剛描述的，做法應該是冷靜地認識現狀，並尋求解決問題的對策，走向成功的未來。以秀吉的狀況來說，就是思考自己勉強能接受的條件，解決眼前緊要的事情，最後朝著打倒光秀的終極目標邁進，在這個過程中或許也會出現「看見命運的瞬間」。

當我在對應突發的意外時，秀吉的例子給了我許多啟發。

另一方面，秀吉對降將清水宗治盡全禮數，我覺得我們面對因為各種理由離職的員工時，這件事情就能作為參照。

尤其當我們面對因為Ｍ＆Ａ（企業併購）、公司改組或業績責任等原因而離職的人更是如此。有多少人能像秀吉這樣呢？此時對離職員工的關心、彼此的往來與應對方式，就可以看出一個公司的品格、氛圍與文化，甚至是一個人的人品、器量、力量與可能性。雖然說，權勢較大的那方也可以不留情面地切割弱者，但秀吉身為強者卻還盡全禮數，也可以說正是因為這樣，秀吉得到了天下。

時運不同而產生了贏家與輸家，無論是誰都不會是永遠的贏家，在這個意義上，秀吉的思考方式與做法有讓現代人學習的價值。

對人盡恭敬之禮，不生驕慢之心。

——藤原師輔

秀吉的中國大返還

秀吉和毛利快速和解後，為了達成為信長報仇雪恨的道義和目標，秀吉迅速地撤軍回京都，這段就是所謂的「中國大返還」事件，整個過程如下：

秀吉與毛利和解後便不斷行軍至六月十二日為止，在這段期間，距離京城大約有兩百幾十公里，兩萬五千人的軍隊雖然遇到泥濘、河川氾濫與梅雨季節，但仍持續趕路。秀吉軍隊採取了萬一被毛利追擊也能應付的防禦隊形，在兩天內從岡山移動到姫路，這段路程距離約九十公里，考慮到當時的道路狀況以及人數，只能說是電光石火般的神速。

據說軍隊裡較重的盔甲與武具是另外運送，士兵們只穿著開襠褲，一味的疾走再疾走，不難想像，以馬運為業以及有許多船員和川並眾[5]的蜂須賀小六正勝和生駒一族，一定是為此四處奔波。秀吉軍隊一路上拿著火炬趕路，歷經野炊、換馬、渡河等等，領頭隊伍不斷疾走，像這般高效率、沒有破綻的後勤補給和運輸力，造就了秀吉軍隊的神話。

換言之，秀吉創造了一個足輕和家臣都能輕便行動，很快就能展現成果的環境與制度，秀吉擁有優異能力可以創造出良好的工作場所，打造出能夠展現成果的基礎設施。

因為「中國大返還」有許多部份和現在常見的人類心理活動重疊，所以我一邊加上簡潔的說明，一邊描述這段從撤退到和明智光秀開戰的過程。

①六月五日，這天的時間花在和解儀式和兵力徵收上，秀吉在目送毛利軍撤退後，送給中川清秀和高山右近等人名為「信長生存」的書信，目的是為了防止京畿內已經產生動搖的織田武將投靠光秀。

從古至今，最重要的事情就是打造同盟，取得多數人的支持，若觀察現代國會或企業員工大會，都會看見一樣的事。

②六月六日，秀吉從備中高松城撤退。六月七日進入姬路城，秀吉在這裡將城內所有的金銀財寶和米糧分配給武將和足輕，藉以提振士氣。許多人會說這是秀吉的氣度與慷慨，或說因為他背水一戰才這樣做

5 譯註：木曾川流經尾張國與美濃國的邊界，而在木曾川沿岸握有地方勢力的人統稱為川並眾。

等等，但我認為這正是善於洞察人心的秀吉會做的事。

無論當時也好、現代也好，員工或部屬（以秀吉來說是家臣）希望的不外乎三件事情：第一「物質與精神都充實滿足」，第二「實現自我或自身能獲得成長」，第三「對工作產生悸動，工作需有夢想也有價值」。如果這些全部獲得滿足，就會大大提升工作動機，即使只滿足其中一項也會提高工作動機。

因為秀吉這些行為，家臣們會興奮期待隨著打倒明智光秀而來的論功行賞與出人頭地，實際拿到財寶和米糧也會提升工作動機。

③秀吉更進一步地和養子秀勝（信長之子）、堀秀政一起剃光頭髮，藉以強調此戰為君主報仇雪恨，徹底統一了大義名分以及定調之後戰鬥的意義與目的。

剃髮是宣示意念的一種形式與儀式，無論誰看到都會明白對方復仇的決心，對日本人來說剃髮是很容易理解的表態方式，即使在現代，剃髮仍經常是表達意見的形式之一，傳達出當事人的決心或是反省之意。

此外，「徹底統一大義名分以及定調戰鬥的意義與目的」這點比什麼都重要，無論何時何地，意識到這件事情並實踐它，可說是企業經營者或老闆們最重要的任務之一。

④另一方面，軍隊經過兩天的疾行，抵達姬路城，秀吉雖然在此休息了片刻，但仍確實整理決戰所需的軍備，並決定於九日再度出發。

這是休生養息的重要性，任何事情都講求平衡，累倒的時候戰意和戰力都會下降，是古今不變的道理，在這個意義上，領導高層必須時刻關心組織整體的健康管理、勞務狀況、爆發力、銳氣、氣勢和能量。

⑤此時，平常會在秀吉家中舉行祈禱儀式、秀吉所皈依的真言宗護摩

堂僧侶，進諫了一件不吉利的事情，僧侶說：「明天的日期特別不祥，如果出兵的話可能再也無法回來，請把出征日改為後天，不要明日。」

在當時，於出征之際請僧侶占卜吉凶是非常普遍的事，很多時候開戰日期就是用占卜決定的，如果幫忙祈禱勝利歸來的僧侶說了不吉利的話，恐怕會動搖家族和士兵的決心，不僅產生負面情緒，士氣也會下降，就無法將每個人的能力運用到最大值。

對此，秀吉答道：「是這樣啊。」然後臉上浮現出微笑。

秀吉接著說：「那對我來說更是好日子了，因為我是抱著一死的覺悟替亡故的君主報仇雪恨，本來就不可能再活著回到這座城。而且，如果我贏了光秀，打下大勝仗，到時我想待在哪國就在哪蓋大城池，根本沒有回到姬路這種小城的必要。沒有比明天更好的日子了，唯有明天是為我軍準備的吉日。」

據說僧侶在折服的同時，也感嘆著秀吉的機智。

而聽到秀吉這番言論的部下們感到安心，士氣也被鼓舞起來。

無論什麼事都有好與壞兩面，這可說是秀吉特有的機智正向思考。

另一方面，秀吉也視此仗為背水一戰，留有「若在決戰時敗北，請把這座城燒毀，已和族人說明白了」的遺言。

一連串的行動與言論，都能感受到秀吉的氣魄，這份決心甚至傳到底層士兵耳裡，大家聽到秀吉的覺悟也能提振士氣。

無論什麼時代，總是會有人潑冷水，說些讓動力下降的話。

這種時候該怎麼做，就是高層領導、經營者們展現手腕的時機了。

雖然不是要「轉禍為福」，但要如何將負面情況轉向正面，這就是一個很好的參考範例，在觀察員工時，我會運用這個例子，對做出負面發言的人特別留意。

⑥

六月十二日，秀吉與信長的三男神戶（織田）信孝、丹羽長秀等人在富田會合。秀吉特別擁立幸孝，將他視為羽柴軍的統帥，名正言順地得到討伐明智光秀的正當性。

越來越多人集合後，羽柴軍的總人數來到三萬六千人。六月十三日，羽柴軍在山崎之戰中擊敗明智軍的一萬六千人。

雖然後來的結果就像歷史證明的一樣，但在開戰前勝敗就已經如影隨形。如何把人集結起來，顯示了大義名分的重要性，在這個意義上，也顯示出那個時代和當下，找出最適切的大義名分就是活用人才的重點，也是必勝的經營法則。

像這樣，秀吉一統天下的軌跡，就是從與清水宗治、毛利和解以及「中國大返還」開始的。

我想再度重申，當遇到意料外的事件或事態時，可以將秀吉「中國大返還」的事例當作啟示，藉以思考對應方法與判斷基準，理解事件所代表的意義，以及設想未來會發生的情況。

真正的領導者不需要領導他人，只需要指出道路就好。

——亨利・米勒

CHAPTER 4

德川家康——用「反省力」平定天下

Modest Ruler

What Every Business can Learn from Great Leaders in the History

德川家康

用「反省力」平定天下

一五四二〜一六一六

岡崎城主松平廣忠的長子。幼年與青少年時期為織田、今川家的人質，桶狹間之戰敗北後，脫離今川，與織田信長締結同盟，擴大勢力。雖然曾與甲斐國的武田信玄締結過同盟，但因為同盟條件破局與武田成為敵對關係，家康在三方原之戰中吃了大敗仗。以信玄之死為契機，家康奪回長篠城，在長篠之戰中以信長的援軍為主力獲勝。本能寺之變後，信長倒台，家康一度與豐臣秀吉對立，其後和解。秀吉死後，在關原之戰一掃反抗勢力成為征夷大將軍，開啟江戶幕府的時代。在大阪冬之陣與夏之陣中消滅豐臣家，晚年制定了武家諸法度[1]、一國一城令[2]，平定天下，享壽七十五歲。

1 譯註：江戶幕府為了統制武家而訂立的法令。

2 譯註：在一國中，由大名所居住作為政廳所在的城（要塞）只能保留一個，其餘的城必須全部廢除。

在亂世活下去的處方箋——家康式的反省力

最近相繼發生不幸的事件，像是三菱汽車油耗造假的醜聞、東亞建設工業在承包羽田機場跑道工程時偷工減料、東芝會計造假和旭化成建材公司的醜聞等等，這些事件在新聞和報紙上不斷被報導討論。過去幾年，日本國內外也發生過各式各樣的問題，像是金融海嘯、食安問題、豐田問題車事件和高田公司的安全氣囊瑕疵等等。

會發生這些問題的原因為何？美國犯罪學者克雷塞的舞弊三角理論中，認為可以從三個面向思考舞弊的原因：①機會（施行不正當行為的可能性，包含容易施行不正當行為的客觀環境）、②動機（讓人想要施行不正當行為的主觀情事）、③正當化（積極地認為施行不正當行為是正確的主觀情事）。偷工減料和欺瞞等行為應該就是②或③吧，還有的狀況是因為粗心大意或糊塗等人為錯誤而導致發生，甚至像是「急過頭」而產生問題。

所以當公司想要擴大或成長，引入最新的技術時，一定要先停下來，反省與修正的行為相當重要。如果省略這個過程，是會讓問題擴大的重要原因。

現代和戰國一樣，都是弱肉強食、角逐激烈的時代，而且當代社會更是全球化下超競爭的戰國亂世。

在這樣的時代，會要求領導高層要有各種能力，特別是看到最近不幸的事件與失敗問題時，領導者最需要的特質之一就是「反省力」，不拘泥於至今為止的成功模式，謙虛地傾聽他人意見，坦率地承認失敗，將「反省力」運用在下次的成長上。此外，「反省力」和「學習力」也是一體兩面。

話說回來，日本歷史上，擁有最優異「反省力」的是誰呢？

當我看了歷史上的各種英雄與偉人，尤其在看戰國時代、讀《名將言行錄》時，我認為日本歷史人物中擁有最優異「反省力」的人，不管怎麼說都是德川家康。

德川家康一旦設立目標，就會努力前進並且忍耐，他像烏龜一樣前進一步就要停下來，接著傾聽他人的意見、謙虛地省視自己，在反覆學習及確認後，才會再前進一步。

例如，在關原之戰勝利後，家康在實質上已經握有天下霸權，但距離大阪之役他還是花了十五年的時間，家康經常做這樣的事。

這應該是他看到其他武將的興亡，所以理解到即使以武力征服天下，政權也很快會瓦解吧。

家康不疾不徐等待全部人都認可他是天下人的那天到來，並為了那天穩紮穩打地準備著，因此他可以平息混沌的亂世，並創造出維持兩百六十年以上的和平國家。

知道傲慢的恐怖才有領導者器量

說家康是日本史上首屈一指的領導者也不為過，他具備許多領導者的優秀特質，特別突出的是下列三項。

第一是武藝超群而且驍勇，家康既然身為戰國武將，這就是本應具備的要素，但他武藝出類拔萃到擁有「海道第一弓」的美稱，是讓許多戰國武將敬畏三分的人物，他特別善於野戰。第二是他的待人處事與人格魅力，家康遇到事情時十分謹慎，也有深謀遠慮的忍耐力，對信長或秀吉等上司來說，他是忠誠且守規矩的人，人格發展均衡，成熟又敦厚。第三就是他有極佳的治理能力，也有極優秀的經濟學知識。

即使這樣，家康也不是從一開始就成為偉大的領導者。在他七十五年的人生中不斷學習和反省，再進一步研習，腳踏實地才養成這些要素。回顧家康學習和成長的歷程，他的生存之道能給我們很多參考。

人類的缺點就是很容易變得自大，就算是家康，也並非一開始就有良好的「反省力」。他身為領導者，是在「三方原之戰」（一五七二年）以後才開始學習，不斷地培養器量。這件事情的經過如下：

當時，家康正值血氣方剛的三十一歲。以姉川之戰（一五七〇年）為契機，剛剛晉升為有能力武將中的一人。

而武田軍隊通過信州街道，攻入遠江也是在這個時候，首先被武田攻陷的是德川家的直屬家臣——中根正照的二俣城，從這裡距離家康所在的濱松城僅剩二十公里，以常識來說，武田的下一個進攻目標就是濱松城，但是信玄說：「家康什麼的不足掛齒。」結果武田軍就路過了濱松城，前往三河。

五十二歲的信玄老奸巨猾，知道很難攻破籠城的對手，所以他故意無視濱松城，目的是想要引誘家康出城，這是一種挑釁的作戰策略。

武田的做法大大地傷害了家康作為戰國武將的自尊心，他不顧家臣的阻止，飛奔出城，追趕信玄。

另一方面，信玄正在整頓軍隊，並於現在靠近愛知縣縣界的三方原做足準備，只等請君入甕。後來家康軍隊受到信玄風林火山軍隊的猛烈攻擊，陷入毀滅性打擊，喪失許多重要兵力，家康勉強保住性命逃走，據說逃走時因為太過驚嚇，甚至在馬背上大便失禁。

會招致這種後果的原因，就是潛伏在家康心底的「傲慢」與「性急」。此時的他大概深刻體會到傲慢與性急的恐怖，據說回城以後馬上叫來畫師，命對方把自己嚇到屁滾尿流的樣子畫成肖像畫，這幅畫就是現存於名古屋德川美術館的《德川家康三方原戰役畫像》，別名為「皺眉像」。家康在三方原之戰中敗給信玄以後，為了不忘記這痛苦的經驗，讓人作畫，成為自己終生反省的教材，每當陷入傲慢與性急時，就看一看自己悲慘的樣子，回憶起三方原的教訓，進而勸諫自己。這種做法是家康的過人之處。

反省使人變得謙虛，變得謙虛，就能夠坦率地傾聽他人意見，不管敵我的立場，不斷吸取並學習好的地方，智慧就會好幾十倍、好幾百倍增長，變成一個正向循環。正因為有了「反省力」，所以家康能夠集合眾人智慧，最終成為歷史上首屈一指的領導者。

京瓷名譽會長稻盛和夫經常說，領導者或企業經營者，需要有下列「六項精進」：

一、付出不亞於任何人的努力

二、要謙虛，不要驕傲

三、要每天反省
四、活著，就要感謝
五、積善行、思利他
六、忘卻感性的煩惱

「六項精進」的第三項正是反省，我自己每天都把家康「三方原之戰」的故事和「六項精進」放在腦海裡，謙虛地反省，即使只有一點也好，我希望能夠提升自己，成為優秀的領導者。

只知勝而不知敗，必害其身。[3]

——德川家康

3 原註：只知道勝利，卻不知道失敗，是危險的事。

坦率謙虛地從宿敵身上學習

事實上，家康從同時代的武將身上學到各種事物。他從織田信長身上學到關於近代化軍隊一事，從秀吉身上學到掌握人心的技巧、活用人才的經營管理方法以及溺愛子女的風險等等，其中他從三方原之戰的宿敵武田信玄身上學到最多。

信玄曾說過：「人是城池、人是城牆、人是護城河，情義是友，仇恨為敵。」信玄認為人心非常重要，而家康從這種想法中獲得啟發。

當時並沒有人權這種觀念，若君主不滿就可以捨棄下屬，但因為和信玄學習，所以家康在治國的時候注意到最重要的就是「人」。

家康還拿了由一百五十六條律法與訓示所組成的《信玄家法》，做為制定武家諸法度的參考，同時也吸取了信玄的軍法，家康向信玄學習的地方不勝枚舉。

當接納了多元的意見，視野被開拓後，就會誕生新的想法。家康從信玄身上學到「人材是寶」的觀念，於是發展這個概念，構築出江戶幕府的基礎。

家康在武田家衰敗後接納武田家的家臣，因為他們熟知信玄的軍法，用現代話來說，家康希望透過M&A（企業併購），導入新**Know-How**（技術秘密）。

家康在創立組織的時候，非常重視認同感，舉例來說，對於一起同甘共苦的三河旗本武士[4]，雖然家康最多只能給他們一千石到一千五百石的俸祿，但取而代之的是，旗本能夠接觸到政治中樞。另一方面，雖然家康將外樣大名遠放至外地，但會給他們比三河武士高出許多的俸祿表示禮遇。藉由公平的做法，根除會滋長叛亂與對立的不滿之芽，因此組織堅若磐石。

家康也活用多元的智囊團，這是之前的武將不曾嘗試過的，他起用像是藤原惺窩、林羅山、天海、耶楊子、三浦按針、本多正信和本多正純父子等人，將範圍很廣的各領域人材作為智囊團放在身邊。家康謙虛地聽從他們的意見，

4　譯註：三河武士指侍奉於德川家康，對開創江戶幕府有貢獻、出身於三河的武士總稱。旗本為武士的身份之一，指江戶時代俸祿未滿一萬石，但有資格出席將軍出場的儀式上。

從人心、法律、組織及國際社會等多方面考量治理國家一事。

像這樣，家康透過掌握「反省力」，學到多元人材的重要性，一邊最大限度地活用他們各自的能力與個性，一邊打造組織。

此外，人生集大成的課題是什麼呢？就是將自身的思想流傳於後世。

晚年的家康，只要有機會就會向年輕的旗本和武將講述這一生的體會，談論他認為什麼是重要的，這些話後來被集結成《德川家康公遺訓》。內容也可以說是家康反省力的集大成：

> 人之一生，如負重遠行，不可急於求成。
> 以受約束為常事，則不會心生不滿。常思貧困，方無貪婪之念。
> 忍耐乃長久無事之基石，憤怒是敵。
> 只知勝而不知敗，必害其身。
> 常思己過，莫論人非。

不及尚能補，過之無以救。

遺訓中，家康揭示了「不急躁」以及「知足」的重要性。家康並沒有像信長那樣天才般的光芒，他突出的地方在於，如果失敗了就會好好「責己」，誕生出「反省力」。換言之，透過每天自省的積累，他成為了比誰都優秀的領導者。

家康一生的深沈思索，透過遺訓的一字一句傳達了出來。即使放在現代，這也是通往偉大人生與生活方式的路標與指針吧。

人貴自知，葉露重則墜。[5]

——德川家康

5 原註：人應該有自知之明，露水太重也是會從草葉滑落的。

發生意外事件，家康的知命元年

看著德川家康七十五年的人生時，會發現從今川家的人質生活開始，他的一生波濤洶湧，禍福相倚，但也因此多了色彩，體驗更為深刻。

不過，從處在逆境與危機漩渦之中的當事人家康觀點來看，或許會覺得這些深刻體驗都是來自意外，尤其晚年時一定更覺如此。

家康遇事慎重不急躁，儘管如此，也會積極地掌握事物的現象，進行深刻思考與判斷，將危機轉化成加分題。

家康的人生有許多危機，像是桶狹間之戰時隸屬於今川這方，以及本能寺之變時所發生的「神君穿越伊賀」事件。

他以為自己乘著大船行駛在風平浪靜的海上，但其實是暴風雨中的小船，狀況生變就被打落到地獄，家康的命就像是風中殘燭般岌岌可危。

家康身為岡崎城主的嫡子，六歲時被迫成為織田家的人質，八歲開始是今川家的人質，不過他不斷鑽研學問、武術與禪學，一路成長起來。

到了家康十九歲的時候，他成為今川軍的先鋒，此時面臨的事件就是一五六〇年的侵攻尾張。駿河的今川義元軍隊有三萬人，尾張的織田信長軍隊則是兩千五百人，大家都預想今川軍隊會大獲全勝，當時的德川家康叫做松平元康，心情應該就像是坐著大船般十分安心。

但是歷史的齒輪卻大逆轉，今川軍在沒有想到會輸的戰役中敗北。

在今川義元麾下的家康，奉前往京城的義元命令，進入大高城（現在的名古屋市綠區）。

但是在五月十九日，因為織田信長的奇襲，義元戰死，今川軍潰敗，家康也敗逃至岡崎。二十日，他逃入供奉著德川歷代祖先牌位的大樹寺。本來應該要躲進祖先遺留下來的岡崎城，但岡崎城被今川家的代理城主和今川勢力所佔據著，即使到了這種地步，面對今川家，家康仍然謹守份際與規矩。

另一方面，追擊過來的織田軍包圍大樹寺，家康看著朝寺廟湧過來的敵兵，認為「事到如今不抱任何希望」，便試圖在祖先的墳前切腹。

就在此時，第十三代住持登譽上人對家康唱誦著「厭離穢土，欣求淨土」

的經文，教誨家康道：「像您這般的名將應該要珍惜性命，將戰國亂世變成安居樂業的淨土，這是你的使命。」這番話讓家康反思。

在這瞬間，家康幡然領悟到自己的使命，於是下定決心，要盡全力地活著奮戰下去。

家康在白色的綿布上用墨筆寫下「厭離穢土，欣求淨土」做成旗幟，與僧侶們一起奮戰，最後終於擊退敵兵。大樹寺當時約有五百名僧侶，其中八成是所謂的僧兵，其中表現極為傑出的是祖洞和尚，據說他取下拴住大門的橫木，趕走敵人。這根保護家康性命的橫木，長約一百五十九公分，四角寬度約十公分，後來被家康命名為立志開運的「貫木神」，如今被安置在神木專用的神龕裡。

另一方面，在這段時間裡位於岡崎城的今川勢力決定撤退，於是岡崎城變成一座空城。

因為城池已變空，家康就打著為了今川家的大義名分，悠然徐緩入主岡崎城。

後來家康就以「厭離穢土，欣求淨土」的經文作為旗印（自己的理念與使命），有耐心且不疾不徐步上成為天下人的道路。

所謂「厭離穢土，欣求淨土」，是將充滿私利私慾與骯髒的戰國亂世視為穢土，希望能捨棄並離開這片穢土；將和平之世視為淨土，發自內心祈求和平的極樂淨土。

這句話是平安時代中期，由高僧源信（惠心僧都）所著《往生要集》裡的一段話。

家康雖然遇到生死危機，但也以此為契機，找到貫徹生涯的高尚使命與理念，如果沒有遭遇這樣大的危險，這句話恐怕也不會成為貫穿他一生的任務、理念與信念。這是人生的不可思議之處。

而且，家康是勤奮讀書的，所以可能原本就知道有這句話，但若沒有遇上危機，也不會成為震撼他身心的話語吧。

這個危機的時刻，正是家康使命與任務產生的瞬間。從某個意義上來說，或許是為了生出未來的天下人家康，而有的陣痛過程吧。

孟子有一段話。

「天將降大任於斯人也，必先苦其心志，勞其筋骨，餓其體膚，空乏其身，行拂亂其所為，所以動心忍性，增益其所不能。」

翻成白話文就是下列意思。

「上天要把重大使命或任務交予給某人時，一定要先使他的意志受到磨練，使他的筋骨受到勞累，使他的身體忍飢挨餓，使他備受窮困之苦，做事總是不能順利，藉以撼動他的心志，堅韌他的性情，增長他的才能。」

我注意到家康的危機與孟子的這番話有許多相似之處。

如果能改變自己的方向，就能開拓無數條新道路。

——松下幸之助

家康的「轉禍為福」式經營改革法

時光荏苒，一五九〇年，家康四十九歲。

結束了討伐北条的小田原之戰後，他受豐臣秀吉的命令，移封至北条氏的舊有領土關東。

對一統天下的秀吉來說，擁有強大軍事力量的家康是個威脅。

秀吉將家康從靠近京阪的三河與駿河趕到比箱根還東邊的地方，就是為了將他封鎖在關東。

名義上，和舊領地相比，這個轉封的行為讓家康的俸祿增加了百萬石以上。但是離開祖先遺留下來的熟悉故土，去治理北条氏勢力仍存的未知新地，可以想像要花多長的時間才能順利統治關東。

此外，關東和三河、遠江不同，是極為荒涼的土地，當時關東排水不良，到處都是泥濘溼地，因此這次移封引起了德川家臣們的反彈。

某個意義上，這次移封就是降職。

但是，家康為了達成「厭離穢土，欣求淨土」的使命，老實遵從秀吉的命令。為了活下去，「服從強者」也可說是戰國亂世的真理。

只是，他在內心咬牙切齒忍耐的同時，也下定決心要轉禍為福。因此很快地轉念，冷靜下來便差人調查關東的土地。我認為也因為有事先調查，所以他最終能開發出範圍廣大的穀倉地帶，可以說他擁有身為經濟人的準確眼光。

家康擁有長遠的眼光，所以開發新田試圖讓可耕地增加，並將流入江戶灣的利根川導引至東邊流向太平洋，還任命伊奈忠次為代官頭，讓他來執行這些土木工程計畫。而且，家康一邊施行灌溉工程，使江戶免於洪災，同時一步一腳印地開發廣大的新田，使領地得到的實際收入增加。

這就是他的商業直覺與對金錢的敏銳。

家康原本是質樸的節省專家，換言之就是守財奴，但也因此擁有優秀的財務敏感度，德川家的支配領地會逐漸富裕起來，似乎也是不辯自明的道理。

另一方面，德川的家臣之所以會反彈，是因為他們不想離開祖先遺留的三河土地，「安土重遷」是自古以來就存在家臣心中的觀念。

此時家康腦海中浮現出曾是同盟關係的信長。

信長的大本營從清洲、小牧、岐阜到安土，多次搬遷，信長也讓家臣們跟著他移動。

換言之，這等於是隨著公司的成長，需要將總公司遷移至更適合的位置，以達成企業的戰略與目標。是古今不變的成長策略之一，因為達成目標與戰略比什麼都還重要。

武田信玄或上杉謙信等戰國武將的家臣都是兼職農夫，他們主要從事農業活動，農閒期則征戰四方，因此平時無法打仗，也沒辦法不分晝夜訓練他們成為強大的兵團，所以信長實施兵農分離的制度，創造出隨時能夠機動運作的軍隊，他也透過武器和鐵砲將軍隊近代化，最後成為戰國的霸者。

另一方面，家康也在思考。心想，我的武士們多數以三河一帶為地盤，從鎌倉時代以來武士就有「安土重遷」的觀念，視守護故土為己任。

但是，為了達成「厭離穢土，欣求淨土」的使命與目的，他們重視安土重遷的觀念，也就成為組織近代化的隔閡與阻礙。

因此，家康將秀吉移封關東的命令，轉化為以外在壓力改革「安土重遷」觀念的機會，畢竟只靠內部改革是行不通的，這正是「轉禍為福」。

他對家臣們說：「如果拒絕移封，就是給豐臣攻打我們的藉口。大家要忍下這口氣，在新天地關東圖謀未來。」家臣們雖然不情願也只能接受了。

看到家臣們遺憾的情緒與表情，家康更加下定決心，無論如何要把這件事當做契機，讓德川的家臣組織近代化，改革德川家成為更強的軍團。

一五九〇年八月一日，也就是八朔之日這天，家康入主江戶城，在關東開發許多新田，展現治理領土的手腕，打造堅強的軍隊。結果在關原之戰時，江戶已經成為實際收入三百萬石的大國，家康名副其實地成長到離一統天下只剩一步之遙。

正是因為不急躁的經營才有這種成果，即使繞遠路也不疾不徐一步一步達成「厭離穢土，欣求淨土」的使命。

可以說，家康藉由本來是扣分題的江戶轉封一事，打破同樣是扣分題的舊有制度，瓦解了觀念隔閡與組織隔閡。

雖然有些離題，但孫子兵法中有所謂「迂直之計」的策略：露出繞道的模樣使敵人大意，然後比敵人更早抵達目的地。

孫子的整段話為：「軍爭之難者，以迂為直，以患為利。故迂其途，而誘之以利，後人發，先人至，此知迂直之計者也。」

家康為了比他人更早實現「厭離穢土，欣求淨土」的使命，為了及早抵達自身目的地，可說是實踐了「轉禍為福」和「迂直之計」。

危機這個詞是由兩個漢字組成的。一個是危險的危，另一個則是良機的機。

——約翰・甘迺迪

「知」、「情」與「天下餅」

民間有「織田搗米，羽柴做天下餅，最後德川家康坐著吃」的諷喻短歌，這首短歌是在諷刺德川家康輕而易舉得到前人辛苦打造的東西，但真的是這樣嗎？

如果詳讀《德川實記》、《披沙揀金》或《名將言行錄》等有關德川家康的資料，就會知道這不是事實。

戰國時代也好、當代也好，都不會是坐著就可以得到天下的時代，無論在哪個時代，「知」與「情」都是必要的。

順帶一提，「披沙揀金」的意思是指過濾沙子挑選出金子，這本書從各家紀錄與古老的筆記雜談中，將有提到家康言行與軼事的部分挑選出來。全書由三十四卷組成，可以看出編者林述齋的願望，他希望讀者能從中找到家康寶貴的教訓。

當我讀這本書的時候，感覺到這些言行與軼事的基礎，是前述登譽上人

「厭離穢土，欣求淨土」、「將戰國亂世變成安居樂業的淨土，是你的使命」等訓示。

可以看到家康將這句話當作自己的使命、志業與核心思想，貫徹他的人生，一心一意走在這條道路上。

家康年幼時度過長期的人質生活，肩負著比他人多一倍的辛勞，因此對人的心理活動和人情義理比他人有更多的敏銳觀察，也正因如此，才得以在弱肉強食的戰國亂世生存下去，最後奪得天下。

另一方面，那時能像家康這樣正確地收集情報、動腦袋、謹慎行動的人還很少，這是他最大的技巧，領悟到不急躁的方法，明白「等待」與「忍耐」的重要性。

織田信長在「本能寺之變」中，被信賴的家臣明智光秀襲擊，最後自殺。信長雖然不被過去的成見與障礙拘束，是位開創新時代的霸主，但他太相信自己的能力，在家臣的人事管理上不夠周密，以致於早死。如果有家康這般無微不至的細心，那麼本能寺之變或許就不會發生，信長擁有先見之明能預料到時局的變化，但卻無法看透人心。

秀吉雖然統一了天下，但在事業繼承的對策上沒有謹慎準備，也沒有充分培養繼承人，太過溺愛年幼的秀賴。儘管是艱難的戰國之世，但以德川家康為首，許多大名都仍期待自己的子孫能成為天下人。

戰國亂世的真理是「服從強者」，秀吉應該要竭力教導秀賴與家族這件事才對。

家康和這兩人不同，直到最後關頭都是繃緊著神經，六十三歲才將「天下餅」掌握在手中。此外，包含繼承人、其他順位繼承人及重要人質等，家康一生總共有十一個兒子，而且並不是單純地統一天下，是為了「厭離穢土，欣求淨土」的目標，組織出一個不容易崩塌、名為德川幕府的新秩序。

> **敬人能忍，惡人之不能忍。**[6]
>
> ——源為憲

天下第一的慈善家

家康幼時被迫成為人質、遭人販擄走，背負許多苦難，也因此對他人的不幸、危難和苦痛，比常人多出一倍的敏感度。

在三方原之戰中，被武田信玄打敗的家康受到敵人追擊，他險些喪命地逃到濱松城，據說是一邊逃走一邊在馬背上失禁。但在危機當頭，拿著馬轡的夏目次郎左衛門吉信，認為正是報恩的時刻，為了幫助家康逃走，他站在武田軍的面前說：「我正是家康。」而被敵軍殺死。

永祿六年（一五六三年），當三河發生一向一揆[7]時，曾是六栗城的城主吉信，為袒護起義的人民而與家康爭戰。後來吉信戰敗，本來要被處刑卻被家康赦免，所以家康對吉信有救命之恩。

---

6 原註：無論何事，忍耐的人受尊敬，無法忍耐的人被厭惡。

7 譯註：戰國時代淨土真言宗（一向宗），所發起的一揆（人民起義）總稱。

從那之後，吉信就十分感激這份恩情，誓死侍奉家康，所以後來成為德川的盾牌被敵人殺死。

此外，類似的事例還有天正十年（一五八二年），武田家滅亡時，勝賴的首級被送到軍營，信長看到首級就惡狠狠地咒罵，並命人送到京城懸首示眾，但家康卻非常慎重盡禮捧著首級感嘆：「因為太過血氣方剛才會變成這樣啊。」

還有，信長不僅燒燬武田家供奉歷代祖先牌位的惠林寺，還命人討伐每一位武田殘黨，但家康卻私下將武田遺臣留在自己的領地。

不僅如此，家康還重建惠林寺，並在勝賴死去的地方建立武田家歷代祖先牌位，因此武田的遺臣們長年效忠於德川家。

天正九年（一五八一年），家康也收留因為天正伊賀之亂而從伊賀國逃來的人民。

可能家康的本性就是如此，不過為了達成「厭離穢土，欣求淨土」的宏願與使命，他成為了心胸寬大、有氣量的人物。

為了取得天下，不，應該說如果想要取得天下，就要做天下第一有人情味的人，所以成為名符其實「天下第一慈善家」是必要的。

若擁有火焰般的熱情，並以判斷力和忍耐力作為基石，就具備成功的資格。

——戴爾・卡內基

以深謀遠慮的智慧，邁向一統天下的決戰場

家康會成為天下霸主，最直接的原因便是在關原之戰中獲勝。雖然這場戰爭被後人說是小早川秀秋的背叛決定成敗，不過早在多年以前，家康就已經於外交上開始部署，預先將武士集結於鎌倉，對這理應到來的分天下戰爭做好準備。無論如何，他細細思考著這場分成東、西二軍的決戰會帶來什麼結果，並深謀遠慮地計畫著。

舉例來說，慶長三年（一五九八年）三月，秀秋因為出兵朝鮮時不守規矩的行動，被秀吉從筑前名島的五十三萬石貶職，轉封至越前北之庄的十五萬石。秀秋認為這是因為石田三成的讒言所致，十分憤怒，表現出寧死不接受轉封的態度，後來是由家康安撫秀秋，並勸諫秀吉，才使得轉封的命令被取消。

最先由秀秋的姑母北政所（寧寧）拜託家康從中協調，不過家康也暗自認為這是和秀秋結夥的好時機。因為勸諫成功，不僅拉攏了寧寧與秀秋，還成功擄獲自幼在寧寧身邊長大，敬重寧寧如同母親般的加藤清正、福島正則等大名的心。

另一方面，關原之戰能夠勝利的一大因素，就是薩摩的島津家沒有加入石田三成的西軍。

島津家中只有和三成親近的島津義弘加入西軍參戰，但他帶來的士兵僅有一千五百名，而繼承島津本家家督之位的島津忠恆則沒有行動。

據說決戰當天義弘非常悔恨，因為他認為：「如果島津的士兵有一萬人在場，西軍就會勝利了。」但島津本家之所以沒有參與決戰，也是因為家康周密的外交手腕所導致。

在決戰的前一年，島津家相當有權勢的伊集院忠真一族叛變，起因是忠恆殺了忠真的父親，對此，忠真極為憤怒，便在領地謀反。

知道消息的家康，便抓住了這個與島津家建立關係的機會，他幫助忠恆與忠真進行調解，讓雙方和平共處。因為此事感激不已的忠恆與其監護人島津義久，不僅沒有響應大坂方的邀請，也一直拒絕義弘希望能夠派兵的請求。

雖然無法一概而論哪個方法的效果更好，但家康無時無刻不懈怠地嘗試各種辦法，盡全力達成目標，事前的部署一個接一個的累積下來，加上往年順利打造出來的大義名分，使得許多大名形成家康較有優勢的認知，可以說這些前置作業關係到家康在關原之戰中的勝利。

多算勝，少算不勝。[8]

——孫子

8 原註：計畫較周詳的就會贏，策畫比對手少的則會輸。

追求「厭離穢土，欣求淨土」之道

關原之戰勝利後，家康入主大坂城，此時議題為如何處分加入三成西軍的諸大名。「直江兼續是這次動亂的罪魁禍首，應該要誅殺他」獲得壓倒性的支持。

但是家康說：「不僅限於直江，各大名的老臣們，像是島津等人都曾受三成所託，向他們的君主勸諫舉兵加入大阪方陣營。今天若誅殺直江，其他人就會害怕下次是不是輪到自己，於是各自在領地擁兵自立，試圖再次謀反。因此赦免直江安眾人的心方為上策，趕緊通知他進京吧。」

家康因為深諳人類心理，所以才有真知灼見的判斷與深謀遠慮。另一方面，這也是為了實現「厭離穢土，欣求淨土」的使命，可以說這是家康獨有的「智慧」。

晚年家康跟家臣秉燭夜談時，有家臣認為源賴朝殺了弟弟範賴與義經是錯的，但此時家康卻持不同意見。

「這種批判叫做同情弱者，是女人在茶餘飯後才會說的話，沒什麼幫助。賴朝之所以會誅殺此二人，是考量到要治理亂世，這麼做才是安萬民之心的儀式，身為一國大名與身為天下人的想法是不同的，由此就片面斷定賴朝做錯，是不妥的。」

此時，家康應該想到了滅掉豐臣家也犧牲妻小的自己，把自己的遭遇和賴朝重疊在一起了吧，犧牲妻小是家康這一生的遺憾。

天正七年（一五七九年），家康被信長命令殺掉正室築山殿和嫡子信康，因為信長懷疑這兩人與武田勝賴有往來，所以無情地下令家康殺掉他們，而家康也沈默地遵從，他知道即使違背命令與信長開戰也毫無勝算，只會讓家臣與領地上的人民流落四方。

這件事情是家康心中很深的傷痕。他應該是把《吾妻鏡》放在案頭，每當有事就拿起來反覆閱讀，把賴朝當作偉大的前人與範本，他應該也時常拿這件事與「厭離穢土，欣求淨土」的使命對話，並且自問自答，藉此鼓舞自己吧。

雖說高處不勝寒，但當上位者不得不「成全大善」或領導者必須「鬼手佛心」（手段陰狠但用意良善）時，家康「厭離穢土，欣求淨土」的判斷，以及平衡「知」與「情」的方法或許能做為參考。

我在講真田家三代時，有提及中國經典《大學》，而家康思考方式可以做為實現「治國平天下」的啟發。

揮淚斬馬謖

——諸葛孔明

家康最後的願望

德川家康在元和二年（一六一六年），以七十五歲之齡於駿府城去世，並在諸大名面前留下「遺言」。這段遺言清楚地表達家康的人生目的與使命，可說是他人生的總驗收和集大成。

「吾命在旦夕，然放心將軍治理天下，若將軍偏離正道，使億兆之民陷於危難，他人應取而代之，天下非一人之天下，天下為天下之天下，若他人能勤勉於天下政務，使四海安穩，使萬民蒙惠，此為家康之本意。」

翻成白話文如下：

「我的命已在旦夕，不過將軍（德川秀忠）於治世上表現良好，我並不擔心天下之事。倘若將軍行事偏離正道，讓許多人深陷痛苦，那麼我希望誰都可以取代他坐上這個位置。

所謂天下，不是為了個人的天下。天下是所有人的天下，是為了萬民的天下，是上天為了萬民才委任的公家天下。

若有其他人想成為天下人治理天下，而他能夠實現世界和平安穩及萬民幸福的話，是我打從心底希望的事，我也絕對不會有怨言。」

我第一次讀到家康的遺言時，體會到他感慨萬千的思緒。此時，無論諸大名如何理解或有各種感受，但這番話確確實實表現了家康「厭離穢土，欣求淨土」的人生目的，他希望將戰國亂世變成安居樂業的淨土，這是人生使命與任務。

而且，從遺言可以看出家康並不是器量狹小之人，只希望自己與德川一族能夠繁榮。他為了飽受戰國亂世之苦、受累的天下萬民，打從心底希望和平時代到來。

家康在豐臣秀吉去世後，認為必須消滅豐臣家，大概也是覺得秀賴和以其親信為中心的豐臣體制，無法創造讓天下萬民和平生活的時代吧。

從關原之戰到大阪之陣，家康共花了十五年的時間，不，應該說是他思考及等待了十五年，雖然是戰國之世，但也在摸索是否要留住豐臣家名的一段時間，十五年就是一個佐證。

因為家康的做法及滅掉豐臣家這件事情，後世揶揄及責備他為老奸巨猾的狐狸，雖然他真正的意圖不容易理解，但如果再一次不帶偏見的閱讀家康的遺言，那麼會感受到他某部分的願望吧。

有一句話說：「大善似鬼，小善似佛。」為了成就大善，會使人外在像鬼一樣無情。但為了天下萬民，為了「治國平天下」時，「鬼手」就是「佛心」。

唯有促進人類幸福的勞動，才能找到真正永恆的名聲。

——查爾斯・薩姆納

創業維艱，守成不易

家康優先考慮的一件事，就是希望自己死後和平仍會持續下去，如果日本又變回亂世，那麼「厭離穢土，欣求淨土」的目的與宏願等於本利全無。另一方面，人的壽命有長有短，沒人知道什麼時候走到盡頭，尤其當時是「人生五十年」的時代，就更容易產生這種內心糾葛。

在這種思緒中，家康拿來做為參考書的是鎌倉幕府正史《吾妻鏡》以及

《貞觀政要》（紀錄中國唐太宗與臣子的對談言行）。據說在關原之戰前夕，家康也曾召來藤原惺窩要他講授《貞觀政要》。

《貞觀政要》中有個知名的疑問：「帝王之業，草創與守成孰難？」這個疑問在家康心中生根，促使他不斷地思考。以下我嘗試一面參考我十分愛看的《貞觀政要》（原田種成著，明治書院出版），一面說明這個問題。

對於上面的疑問，宰相房玄齡是這樣回答：

「國家處於無政府的混亂狀態時，各地群雄紛紛起兵，必須攻破城池使敵人投降，在戰場上取勝才能平定天下。由此說來，創業艱難。」

而魏徵的答案卻不同：

「帝王得到天下之後，志向趨於驕奢淫逸。百姓希望過上安穩的日子，而徭役卻無休止；百姓已經窮困匱乏了，國君卻奢侈行事。國家的氣數衰亡常常是這樣引起的。由此說來，守成更難。」

兩人的話都有道理。房玄齡跟著太宗體驗過創業的艱辛，因此懂得其中辛苦，而魏徵則是體會過安定天下的艱難，故認為守成困難。

太宗理解了兩人的看法之後說：「現在創業的艱難已經過去了，我會與諸位一起慎重地面對守成的艱難。」

不過，後來貞觀十五年，唐太宗再次問了「守江山是難是易？」的問題。魏徵的答案沒有改變，他說：「很難。」

聽到這個回答，太宗有些不滿地回道：「我只要選拔任用賢才，接受大臣的建議與忠告即可，有什麼難的？」

魏徵回答：「據我觀察，自古以來的帝王，在憂患危難的時候能夠選舉賢才，接受忠告；到了天下太平的時候反而懈怠政務，只圖安樂。

君主欲安樂，使諫言之人戰戰兢兢，不敢違逆，最終導致國家滅亡。

正因如此，古代聖人才要居安思危。國家雖然太平無事，卻必須時刻心懷憂懼，如此說來守成難道不難嗎？」

家康為了追求「厭離穢土，欣求淨土」，一定不斷地思考這段話。

另一方面，〈以亡國為鑑〉一文也影響他很深。

「要照出形態的美醜，一定要走到靜止的水邊；借鑑國家的安危，一定要拿被滅亡的政權做為教訓。所以詩經上說『殷鑑不遠』、『他山之石』，帝王現在的動和靜，一定要想到隋朝的滅亡以做借鑑，那麼就可以明白治亂存亡的道理。

如果能想到隋朝危殆的原因，國家就平安了；想到隋朝混亂的原因，國家就能治理了；想到隋朝滅亡的原因，國家就得以生存了。」

家康人生最大目的就是為了天下萬民終結戰國亂世，儘早開創和平世界，並使之永續傳承下去。

因此家康構思出來的策略是學習信長及秀吉等前人的失敗與成功，甚至將這些前人做為負面教材來學習，自己也時常反省，確認不會失敗後，才一步步地踏實往前邁進。

因此他不勉強自己，也不焦躁，經常繞看似無用的遠路，思考著安全且確實的計畫，不斷地往前進。和其他武將相比，家康的思考與煩惱都比較深刻，也更為大器。

將家康式的「不急躁經營」放在極度追求效率，變化極快的現代企業經營中，乍看下相當不合適，但我自己著重平衡的思考方式，也就是「右手為快速反應經營法，左手為不急躁經營法」。

創業型的信長，繼承事業的秀吉，還有開創德川幕府、創造二百六十年以上安定政權的家康。

雖然能向這三位英雄學習的地方很多，但如果各位讀者是以安穩的永續經營為目標，希望公司成為「百年企業」、「兩百年企業」的話，兼顧創業與守成的家康哲學與策略，應該能給予許多啟示與教訓。

人生有如負重致遠，不可急躁。

——德川家康

CHAPTER

5

上杉鷹山

——憑堅定的覺悟實踐改革

An Indomitable Resolve

What Every Business can Learn from
Great Leaders in the History

上杉鷹山

憑堅定的覺悟實踐改革

一七五一～一八二二

米澤藩第九代藩主，江戶時代中期的大名。因為實施藩政改革，所以成為江戶時代首屈一指的明君。在退位隱居前名為上杉治憲，是日向高鍋藩的藩主——秋月種美的次子，因為外祖母是米澤藩第四代藩主——上杉綱憲的女兒，所以鷹山在十歲時，成為第八代藩主——上杉重定的養子，一七六七年繼承家督之位。米澤藩負債達二十萬兩，陷入嚴重的財政困難，綱憲甚至考慮要將藩土交還幕府管理，為解決此問題，鷹山實施藩士及農民的大儉約令，致力於普及非常時期的飲食習慣，雖然有核心重臣反對改革而引發七家騷動事件，但他擊潰反對意見，重整藩政財務，享壽七十二歲。

上杉鷹山的履歷

說到江戶時代的藩政改革家，就會想到上杉鷹山。

美國的前總統約翰・甘迺迪也稱上杉鷹山是他「最尊敬的日本人」。

鷹山於一七六七年四月二十四日成為米澤藩（今山形縣米澤市）十五萬石的第九代藩主，時年十七歲，後來成為江戶時代首屈一指的名君。

由於我事業的一大重心是協助企業重建與重生，所以對同樣走在這條路上的大前輩，也就是藩政改革家鷹山特別感興趣，因為藩政改革與現代企業的重建與重生有許多類似之處，給了我很大的啟發。

雖然彼此時代不同，但將個別發生的事件置換到現代，就會發覺藩政改革歷史是企業重建與重生在做個案研究時的寶庫。

本章節會先將上杉鷹山的人生與功績用年表羅列，說明他怎麼出生、成長，如何達成重建米澤藩的事業。如此一來，各位讀者也可以參考這份年表，並與自己的生活方式及人生做比較，應該可以看到重疊或共通的部分。

鷹山是十分有名的江戶時代大名，關於他的年譜已經有很詳盡的紀錄，所以本章會從年表開始切入。

或許有讀者已經知道鷹山的大概背景，不過我還是試著用自己的方式作出一張重排列的鷹山年表，這份年表可說是他的履歷或職務經歷。

如果各位讀者以面試官的身分閱讀這份年表，可能會更有意思。

包含轉職的面試在內，每個人都會被以各種角度切入，面試官總是打破沙鍋問到底，「你在哪裡出生、如何長大？」、「你的第一份工作是什麼？為什麼會選那間公司？」、「你的工作績效及成果如何？」、「你的強項是？」、「你的格言或座右銘是？」、「你進這間公司想要做什麼？你認為會對公司有什麼貢獻？」、「你未來的夢想是？」我是根據這些提問印象做出張年表的。

年表裡發生的事件都有意義，而且鷹山的一生十分經典，可說是一位努力改革家與他波瀾壯闊的人生。我一邊看著他的年表與事蹟，一邊放縱思緒，我思索著哪裡有可以成為參考的想法與手段。

我們要盡可能利用上杉鷹山的歷史，或許說「利用」相當沒禮貌，但希望讀者能以這樣的想法來活用這段歷史。

鷹山以前叫做治憲，他在隱居後的五十二歲才開始使用鷹山這個名字，但在這篇文章中我將統一使用鷹山。

一七五一年（一歲）七月二十日，在江戶一本松宅邸出生，高鍋藩藩主——秋月種美的次男。

一七五九年（九歲）被米澤藩藩主——上杉重定收養成為養子。

一七六〇年（十歲）成為世子（下一代米澤藩主）。養育過他的秋月家家老三好善太夫，送了鷹山一封諫言書信，言明藩主應該遵守的人倫之道。鷹山從秋月家的一本松宅邸，搬到上杉家的櫻田宅邸，改名為直丸勝興。

一七六一年（十一歲）藩政改革的盟友竹俣當綱成為江戶家老。

一七六三年（十三歲）鷹山在學問上以尾張出身的學者細井平洲為師（無論哪個時代，老師的存在都是重要的。我也有好幾位可說是大恩師的老師，細井平洲之於鷹山，大概就是京瓷名譽會長稻盛和夫之於我一般的存在）。

竹俣當綱、莅戶善政、木村高廣、佐藤文四郎等人成為親信（這些人後來是藩政改革團隊的核心成員，成一專案小組）。

一七六六年（十六歲）七月行成年冠禮，改名為治憲。

一七六七年（十七歲）藁科松伯成為鷹山的御醫。四月，義父——上杉重定隱居，鷹山成為第九代藩主。八月，鷹山對米澤春日神社的神明宣誓。九月，向白子神社的神明宣誓實行大儉約政策，同月在江戶藩宅邸頒布大儉約令，將自己的生活費從一千五百兩削減成兩百〇九兩，變成原本的七分之一，確實地以身作則，實踐「做給大家看，說給大家聽，讓大家嘗試」的原則。

一七六九年（十九歲）和小他兩歲的上杉重定長女——幸姬結婚。八月二十四日藁科松伯去世。十月二十七日，鷹山初次進入米澤國。

一七七〇年（二十歲）二月，檢閱上貢的鐵砲。六月，娶四代藩主綱憲之子式部勝延的女兒（阿豐）為側室。

一七七一年（二十一歲）五月，鷹山的老師、儒學者細井平洲第一次來到米澤國。六月五日，因為大旱，鷹山在愛宕神社進行祈雨儀式（無論哪個時代祈福儀式都是十分重要，除了表示決心，還包含改過及重新振作等意義。）

一七七二年（二十二歲）二月，因為江戶大火，麻布、櫻田兩個江戶藩宅邸被燒毀。三月二十六日，鷹山在遠山村舉行「親耕儀式」。九月廢除農政代官的世襲制，並設置鄉村教導出役一職。

一七七三年（二十三歲）六月二十七日，因為守舊派的抵抗勢力，發生「七家騷動」事件，鷹山命令須田、芋川、千坂、色部等七位重臣切腹或禁閉。七月，斬首騷動事件的首謀藁科立澤。

一七七五年（二十五歲）七月，解除千坂及色部等人的禁閉處罰，重新起復須田及芋川家。九月，設置樹藝役場，草擬了一項宏遠計畫：開始種植桑樹、楮樹及漆樹，目標為各一百萬株（以現代企業來說，就是類似於永續經營的藍圖與計畫）。

一七七六年（二十六歲）四月十七日，教育機構「興讓館」落成，透過教導農政，培養實務官僚和肩負藩政未來的人材（即使在現代，就算企業經營不善，但教育或人材養成也至關重要，鷹山的想法與我相同）。細井平洲再次來到米澤國。鷹山決定以前藩主重定的孩子治廣為世子。七月，阿豐生下長男直丸（後來名為顯孝）。

一七七七年（二十七歲）十一月，將九十歲以上的人瑞招到城內為他們祝壽（和企業表揚老員工是同樣的意思）。

一七八二年（三十二歲）三月九日，正室幸姬病死，得年三十歲。據說她智能障礙、發育不全，但鷹山並沒有嫌惡或對妻子不好，鷹山十分體貼她，一直到幸姬離開前都還會陪她玩娃娃和玩具，兩個人相處和睦，一時之間鷹山的「仁」與體貼傳為佳話。隱居在米澤的父親重定，在收到女兒遺物時才知道她去世的消息，有感於鷹山對可憐女兒的體貼行為而淚流不止。十月，鷹山將長男顯孝欽定為治廣的養子。同月，雖然奉行——竹俣當綱有功於改革，但卻因過下台。此時因淺間山的火山噴發和寒害造成農作物歉收，發生天明大饑荒（一七八二～一七八七年），雖然因為鷹山的改革，藩地財政有所起色，但在此時遭遇天大的考驗（這災難就像迄今為止的付出全都泡水一樣，明明這般努力了，此刻的鷹山應該是仰天長嘆並且慟哭。只是鷹山立刻振作起來，以有志者事竟成的精神，更加強烈決定朝向自己的目標與宏願再出發。發明王湯瑪斯・愛迪生曾說：「我絕不會失望，因為任何失敗都會成為新的一步。」這想法應該可以代言鷹山的心情。）據說米澤藩的損失為十一萬兩，因此鷹山設計了「備荒儲蓄二十年計畫」，希望藉由儲備二十萬袋的米，以備歉收或饑饉之需。

一七八五年（三十五歲）二月六日隱居，位於三之丸的餐霞館是鷹山的隱居地。養子治廣成為第十代米澤藩主，鷹山贈與治廣「傳國之辭」。鷹山雖然攝政，但不再掌控大局，而是尊重新藩主和參政志賀祐親的自主性，將財政重建、藩政改革的任務交給他們，但是藩士和人民的道德再度變得低落，重挫改革。據說是因為改革只在形式上被繼承，繼任者沒有真正理解到鷹山的志向、想法與精神，只是一味地削減資源，無法有效施行自給自足型的嚴格緊縮政策，藩政真正需要的是投資與重建，但卻沒人想到這樣重要的事情，致使改革「功虧一簣」。這證明了改革能不能成功與延續下去，全看領導者的能力，這是古今不變的道理。

一七九一年（四十一歲）一月，五十七歲的莅戶善政再度出仕，成為中老[1]，開始第二期的改革，即「寬三改革」。三月，在大手門前的廣場設置「上書箱」。鷹山大幅削減藩政的費用，著手解決財政重整問題，導正日益鬆懈惡化的改革，並將改革的主導者志賀祐親革職。

一七九三年（四十三歲）第一期的改革功臣竹俣當綱去世，享壽六十五歲。

一七九四年（四十四歲）一月五日，長男顯孝於十九歲病死。十一月，莅戶善政成為奉行（地位同等於國家元老、政務執行官），並開始黑井堰的工程。

一七九六年（四十六歲）細井平洲第三次來到米澤國。

一七九七年（四十七歲）三月開始養蠶，九月黑井堰完工。

一七九八年（四十八歲）三月二十六日上杉重定去世，享壽七十九歲。

一八〇一年（五十一歲）二月，制定伍什組合[2]制度，建立相互扶助的體制。六月二十九日細井平洲去世，享壽七十四歲。

一八〇二年（五十二歲）發行替代糧食書籍《糧物》，這是一本食物生存手冊，共發行一千五百七十五本。十一月，改名鷹山。

一八〇三年（五十三歲）十二月二十五日，藩政改革的功臣莅戶善政去世，享壽六十九歲。

一八〇六年（五十六歲）二月，發行記載蠶培養法的《養蠶指導手冊》。

一八〇七年（五十七歲）圍繞著專賣制度，爆發「苧麻事件」，鷹山處分須田、服部與神保等人。黑井堰修復工程完工。

一八一二年（六十二歲）治廣於四十九歲隱居，齊定於二十五歲成為第十一代藩主。

一八一八年（六十八歲）七月，因為旱災，鷹山至春日、白子兩神社祈雨。花費二十年的飯豐山引水道工程完工。

1 譯註：戰國時代的戰國大名以及江戶時代的各藩所設置的武家職稱。

2 譯註：將人民分成五人為同一家人，十人為同一族人的單位，規定彼此互助。

一八二一年（七十一歲）十二月十七日，鷹山的側室阿豐過世，享壽八十一歲。

一八二二年（七十二歲）三月十二日上杉鷹山去世，享壽七十二歲。九月十四日，治廣去世，享年五十九歲。

一八二三年～鷹山的改革出現成果，米澤藩的欠款幾乎還清，甚至有五千兩的結餘。

一八三三年～在天保大饑荒中幾乎沒有人餓死。

一八三六年～四月，德川家齊將軍為鷹山主政以來的善政表揚齊定。

鷹山的命運

大家看履歷年表就會明白，即使是像鷹山這樣的名君，也不是所有事情都一帆風順。但在他花費五十五年改革的歲月中，絕不輕言放棄，也不氣餒地持續，最後幾乎達成了藩政改革的全部目標。

我從事現代企業經營重建與改革，十分欽佩他的厲害。

而且，在重建企業時，我會將鷹山所做的功績與事情置換到現代重建現場，思考他的精神、目的與理念，我也會思索若將這些事件放到現代會等於什麼事情，換位思考給了我很大的啟發。在年譜中我有稍微加入解說，希望能讓讀者想像自己在與鷹山對話，感受到「原來如此，鷹山是這樣做的啊」。

總之，我們先來剖析潛藏在履歷中的謎團，把一些重點稍微連起來看看。首先就是，為何鷹山會成為米澤藩的養子呢？

鷹山的母親是筑前秋月藩藩主——黑田長貞的女兒春姬，而春姬的母親豐姬（瑞耀院）是米澤藩的第四代藩主——上杉綱憲的女兒。因為這層關係，所以鷹山才會在十歲的時候，成為米澤第八代藩主——重定的養子。重定是綱憲的長男上杉吉憲的四男，也就是春姬的表哥。

那麼，為什麼外祖母會看中鷹山呢？

由於鷹山的母親春姬很早就去世了，所以有一陣子是外祖母豐姬帶在身邊養育的，這時她應該已看出鷹山是很聰明的孩子。

豐姬在寶曆九年（一七五九年），考慮到上杉家中的狀況，所以勸還沒有兒子的姪子重定，找一個人來做女兒幸姬的女婿兼養子。

雖然有其他候補人選，但最後是鷹山成為繼承外祖母上杉家的婿養子，身為次男的鷹山本來可能無法擔任家督，一生坐冷板凳，但因為有外祖母的後援，他一躍成為名門大藩的繼承人。這是不可思議的緣分，也是人生轉捩點。

當時的上杉家負債約二十萬兩（換算成現代幣值約四百億日圓，根據算法不同，也有人說是六百億日圓）。

關原之戰後，上杉家從會津一百二十萬石減封至出羽米澤三十萬石，再加上因為繼承的過程出問題，又被將軍減封至十五萬石。儘管上杉家俸祿只剩十五萬石，仍雇用著會津一百二十五萬石時代的家臣人口，家臣佔藩地人口的比例極高，跟別的藩相比不成比例，光是人事費用就帶給藩財政嚴重影響，有人說光是家臣的俸祿與人事費就佔了接近九成開支。現代的一般企業，人事費用大概佔全體的百分之二十，就會知道這花費金額可說是異常的高。

再加上農村凋敝，還有一七五三年針對寬永寺普請的出資以及一七五五年的洪災，都直接重挫了藩財政。

即使如此，鷹山的義父、前藩主上杉重定仍然看重大藩排場與名門榮耀，沒有改變奢侈的生活。因此米澤藩的財政更加惡化，瀕臨破產，重定甚至認真考慮要將藩地歸還給德川幕府，將一切交還給幕府管理。

但這件事情被重定正室的家族，也就是三巨頭之一的尾張德川家阻止，但即便撤回返還的決定，財政一樣瀕臨破產，此時上杉家可說是在逆境的谷底。

重定想返還藩地的思考方式，大概就跟當時ＪＡＬ（日本航空）破產時的想法一樣，都試圖將重建企業一事委託給公家處理。

雖然有些離題，但當時米澤藩嚴重的財務困難，是連江戶百姓都知道的事情。「如果全新的鐵器生鏽了該怎麼？」、「把寫了『上杉』的紙黏在鐵器上就行了，寫了『上杉』的紙會自己把鐵鏽吸走的。」為當時流行的俏皮話，米澤藩變成嚴重的窮藩，甚至可能是當時日本最窮的藩。

在這逆境中登場的，就是以十七歲之齡繼承藩主之位的上杉鷹山。鷹山歷經寫在年表中的許多事蹟，花了五十五年的時間，最後完美達成重建工程的目標。

當初鷹山可說是從藩外來的「外人」，所以能用全新的眼光審視米澤藩，達成改革的人經常會被說是「外人、年輕人、笨蛋」，在這個意義上，上杉鷹山可能也是如此吧。

前面提過，重建朝日啤酒的前社長樋口廣太郎，也曾是從住友銀行（現在的三井住友銀行）來的「外人」。

那讓我們再來細看幾個鷹山的事蹟。

所謂公司，就是各種部門集合起來一起工作，身在其中的人無法客觀看到公司經營狀況，也因此工作無法進步。

——松井忠三

實施大儉約令

如前述，米澤藩緩慢地在結構上成為赤字的體質，如果無法改革結構，藩政的重建就無法實現，沒有辦法靠著小聰明達成目標。

重建首先必須徹底的降低成本，進而改革觀念及改善體質，這是自古至今不變的鐵律，而且每個人理所當然地都會這樣想，但若要實踐卻有其困難的地方，正所謂「知易行難」，所以改革前，必須先全面性地理解需要改革的理由。

鷹山的改革理念有個根本源頭，這個源頭體現在他成為藩主時所詠唱的短歌：「成為藩主，不忘決心，為民之父母。」說明他雖然是一國的君主，但絕不會忘記「民之父母」的心情，並吐露出他決心成為「民之父母」，改革國政，豐饒藩地，讓藩士與人民們都獲得幸福，所以鷹山的所作所為，都是為了這個目標而進行，其中一項就是大儉約令。

鷹山為了表示不退縮的決心，所以將改革的重點與用意寫成對神明的誓詞，向米澤的春日神社和白子神社的神明發誓，大意為：①視民之父母的精神為第一、②不懈怠學問與武術、③毋忘質樸與儉約，執行大儉約令，中興米澤藩、④賞罰公正。

鷹山以這樣的決心，在九月十八日於江戶藩邸發表大儉約令，當這個消息傳到米澤國後，米澤的重臣們發出了反對聲浪，認為：「這會讓上杉家自上杉謙信主公以來的名門排場崩毀，而且這麼重要的事情也沒有跟米澤的重臣討論就擅自決定。」其中也包含情緒上的反彈和輕視之心，重臣們一定想說這個十七歲的外人，什麼都不知道小伙子到底在說什麼。

鷹山感到十分困擾，若得不到重臣的協助，不團結一致，改革就無法進行，所以鷹山在實施改革對策以前，必須先和反對勢力、抵抗勢力及重臣的觀念對戰。

鷹山請求家族的領袖人物，也就是前藩主上杉重定的幫忙，借助他的力量，在十二月十一日，終於在米澤本國發表了大儉約令。

此時距離在江戶藩邸發表大儉約令已經過了三個月，鷹山的辛苦從此事可以窺見一二，他強烈地認為要改變上杉家的「藩政風俗」與「家風」，因此下定決心要用所有手段進行「觀念改革」。

將這件事置換到現代，上杉家就是一般經營會出問題或業績持續惡化的企業，共通點都是毫無危機感，即使公司出現赤字，部長們仍然按部就班，一味沈浸在優越感中，當時的米澤藩重臣和這種部長們在觀念上有相似之處。

在很長一段時間裡，米澤藩藩士的精神與生活，都根深柢固殘留著排場與奢華，還有與之而來的鋪張與浪費，鷹山針對這點，深刻地認為生活應以質樸儉約為主，開銷要在能力範圍內，過著符合收入的生活比什麼都重要。

因此他寫了一篇名為〈志記〉的文件給各藩士，其中詳細記載了儉約的主旨，大意為：「即使犧牲今天的生活，也要考慮到明日的復興，今後十年間將省略無用的開銷。」明白地傳達出鷹山思想。

鷹山率先以身作則，將江戶藩邸的藩主生活費從一千五兩減到兩百〇九兩，大約是原本的七分之一，平常的三餐變成一菜一湯，身著木棉做成的衣物，女侍也從五十人減到剩九人。

若不親自實踐大儉約令，誰都不會認真聽從，以身作則的重要性，無論以前或現在都是一樣的。

此外，他也認為在成功重建藩地以前，應該要拋棄奇怪的自尊心與虛榮心。前代藩主上杉重定的正室出身於尾張德川家，因此上杉家要有符合與尾張德川家往來的身份地位才行，像是收到尾張德川家的贈禮就一定得回禮，不能不這麼做，這也是非常大的費用與開銷，交際應酬也是大名家或武家難以儉約過日的最主要原因。

鷹山的大儉約令，可以說停止了與大大名在形式上的往來，宣示了米澤藩今後將以小大名身份過著樸素的生活，雖然在某個意義上鷹山是不得不這樣做，但他也希望儉約這件事能成為全體人員的核心觀念。

無論如何，雖然在改革開始的時候絆了一跤，但鷹山不氣餒，以「有志者事竟成」的精神，與重臣竹俣當綱、莅戸善政、木村高廣及佐藤文四郎等親信們著手改革藩政與結構。這些人可說是藩政改革的特別專案小組。

雖然有些離題，但以「世界最窮的總統」為人所知的烏拉圭前總統何塞・

穆西卡曾說：「政治家不能過國民平均水準以上的生活。」這與鷹山的精神有共通之處吧。

做給他看、說給他聽、讓他嘗試。若不給予讚美，人不會主動。

——山本五十六

包含鷹山願望的「親耕儀式」

自古皆然，光是只有大儉約令，過著質樸儉約、降低成本的生活是無法重建藩政的，重生及成長需要有動力，否則即使加快重建速度，也不一定會出現成果。

此時第一要務就是「開源節流」，以「民之父母」的精神復興荒廢農村、開發新田，以及增加能成為藩政收入的米糧。

問題是要如何實現這件事情。

因為農業和大自然息息相關，只要天候不佳，旱災或各種災害都會影響到收成，以當時的農業狀況來說，無法年年豐收。

而且，要實現這件事情，必須藩全體一起行動，若沒有提升大家的動機就無法得到成果。當時的米澤藩大約有十萬人，其中武士約五千人，加上其家族成員，總人口大致有兩萬五千人，假設真是如此，那就是七萬五千位農民要養兩萬五千名不工作的武士。換言之，每三名農民就要養一位武士，這對他們來說是一大負擔。如果沒食物吃就只好逃走，所以據說米澤藩本來有十三萬人，到了鷹山時代只剩下十萬人。

同時，藩政是由藩政府及高層官員決定，人民覺得農民政策不公正也不透明，所以無法提升工作動機，與經營現代企業一樣，鷹山認為必須先解決這個問題。

鷹山於安永元年（一七七二年），效法中國的先例，在遠山村舉行藩主親自耕田的「親耕儀式」，以身作則顯示對農業的推崇，而且遵從儒道儀式的做法，將親耕的收穫獻給祖先以求平安。藩政全體同心齊力，希望將親耕儀式當作契機以復興變成荒地的農村，開發新田。親耕儀式確實地傳達出鷹山的思想。

以現代企業為例，就是企業希望藉由全體員工的共同經營，以達成重建目標。

這個藩主親自耕田的「親耕儀式」後來被歷代藩主繼承，從這四十畝親耕土地所收穫的米，會獻給謙信公御堂、白子神社以及城內的春日神社，剩下的則會配給予下級武士。

之後，鷹山帶領家臣陸續開發荒地，並實施修築堤防等工程，據說總計有一萬三千多名武士參與開發荒地的工程。

只是，參與的武士裡，沒有多少是打從心底高興，因為這些武士是被使喚去做的，並不真正視這些事情為自己的工作。

武士的地位和俸祿，是其祖先用性命換來的，讓武士從事農業活動，等於把他們當作農民看待，否定了身為武士的身份。武士裡面出現像這樣反對的聲音。

還有，反對鷹山的人之中，也有人認為不把武士當武士對待，而把他們視為農民是對不起祖先的。

要如何讓有這種想法的人心服口服，使他們打從心底信賴藩主，仍是年輕鷹山的一大課題。

在公司中有許多商業的漩渦，如果在漩渦周圍散漫地漂浮著，一不小心就會被吸進去。為了體會到工作真正的快樂與醍醐味，我們應該要成為漩渦的中心，像是要將周圍的人都吸引過來那般，自發與積極地努力工作。

——稻盛和夫

千鈞一髮的「七家騷動」事件

想要推動大型改革，勢必會和守舊派、抵抗勢力發生戰鬥與爭執。無論志向多麼崇高，或對國家（公司）來說有益事情，多多少少都會和他人發生衝突。

改革會引發各種問題，改革者可能會被對方怨恨、找碴、挑釁及挑剔，改革者會遇到各種責難與誹謗中傷，被眾人的工作排除在外，對方會結黨或製造似是而非的理由攻擊改革者，甚至設計陰謀陷害等等。

當我像空降部隊一樣，成為一間公司的領導者或領導候選人時，也曾遭遇過這類大大小小的事情，人性無論在二百五十多年前還是現在都沒有改變。

所以志向遠大，一心為國的上杉鷹山也沒有例外，他在改革時遭遇了千鈞一髮的危機，就是被稱為「七家騷動」的動亂事件，如果鷹山在中途走錯一步，那麼等待他的可能就是「君主幽閉」的處罰。

所謂的「君主幽閉」是指「從鎌倉時代開始，武家社會中的習慣做法，特別是在江戶時代的幕府體制中，家老們可以透過合議對行跡惡劣的藩主進行強制監禁。」換言之，就是政變的一種。仙台藩主伊達綱宗、岡崎藩主水野忠辰、美濃加納藩二代藩主安藤信尹等幽閉事件，都是「君主幽閉」的實例。

這個處罰的順序通常會依循慣例。當藩主行跡惡劣時，會先由家老們進諫希望君主改過，雖然進諫時因情況而異可能惹得藩主勃然大怒，甚至會親手斬殺家臣，所以進諫是十分危險的行為，但這是身為家臣的義務，家臣在進諫前需先做好萬全準備。接著，家老會進諫好幾次，倘若藩主仍然不改其行為，家老們會將重臣聚集起來協商，最後就可能得到必須關押君主的結論。

如果藩主的劣跡與苛政造成藩地混亂，然後事蹟敗露讓幕府發現的話，幕府恐怕會以藩主沒有統治能力為由，下達轉封或減封的處分，嚴重的話甚至會將藩主貶為平民，為了不讓這種事情發生，「君主幽閉」是看重「家族存續」的藩，在非常時期的處理方式。

「七家騷動」發生在安永二年（一七七三年）六月二十七日的清晨，是鷹山當上藩主的第六年。

身為守舊派，同時也是藩政重臣的奉行（國家老）——千坂高敦、色部照長，江戶家老——須田滿主，侍頭——長尾景明、清野祐秀、芋川延親、平林正在等七人，反對藩主上杉鷹山的改革政策，他們強行上告，要求鷹山中止改革並且罷免正在推行改革的奉行竹俁當綱等人。

如同前述，改革由推行改革的專案小組執行，也就是由鷹山的親信竹俁當綱、蒞戶善政等人負責，因此招致不滿。

事件的始末概略如下：

天剛破曉，七位大臣便上城要求謁見鷹山，並列舉五十條訴狀斥責鷹山的施政過失，並強迫他即刻反應「馬上回覆」，據說這個強行上告長達半天的時間，雙方不斷地來回爭辯。

訴狀開宗明義就全盤否定鷹山的改革，內容一言以蔽之，認為從其他家族來的養子鷹山思考方式錯誤，他的政策不會有任何成果，所以要求回歸舊制，改善失政問題。

訴狀的內容摘要大概如下，關於守舊派如何看待改革，他們何以會認為改革不好，我想這是一個很好的例子。

①竹俣當綱無視其他重臣，和莅戶善政、高村木廣等藩主親信擅自進行藩政改革，壟斷權力。改革本身就是大害，鷹山要改變想法，立即將竹俣一派革職。

②雖然鷹山繼承家督已經七年，但卻沒有好事發生，只有歉收等壞事接連不斷。

③大儉約令、祈雨和「親耕儀式」等只是騙小孩子的把戲。

④請鷹山成熟一點，尊重並且回復樸實、守規矩的越後風氣，不要胡亂插手。

⑤假設藩內有十萬人，那麼有高達九萬九千人都不服鷹山的所作所為，會服從的只有佞臣（對君王阿諛奉承，邪魔歪道的臣子）。

讀了訴狀的鷹山作何感想呢？

在細讀及爭論後，鷹山說：「這麼重大的事必須和父親大人討論。」但重臣們不肯放過他，不斷重複道：「希望您馬上做決定。」

據說鷹山在稍事休息後，為了想和前藩主重定商量，便從位子上站起來，此時芋川正令做出要鷹山「等一下」的無禮舉動，強行拉住鷹山的褲子下襬，當鷹山喝斥道：「芋川你做什麼！無禮！」時，一旁的親信佐藤文四郎馬上打掉芋川的手，讓鷹山離開座位，並跑去和重定報信。

鷹山和重定報告大致狀況後，也讓重定看了訴狀，想聽他的建議。重定說他會馬上整裝到現場，所以鷹山先行回到原先重臣所在的房間。

現場仍是緊繃的氣氛。

然後重定帶了幾名近臣出現在現場。

重定的表情充滿憤怒，他跟重臣交談了一會兒，便大聲地喝斥道：「雖然鷹山是年輕的君主，但他一直志於愛護人民，並且拚命地努力著，反而是上杉家自古以來就肩負重責大任的你們，竟然做出如此無禮的舉動，給我速速退下。」這七人才終於勉強離開。

針對這七人的強行上告，鷹山決定在公開場合中召開公平會議，他不想變成密室會議，因為他非常重視公正、公平與互相理解，他召開會議時也將竹俣當綱等專案小組的成員排除在外，有一句話說「天下政治應受百姓公評」，鷹山的心情大概就是如此，從這件事也看得出來鷹山不是一般的尋常大名。

接著和重定有同等權力的藩政監察官站在公平立場，命令有判斷能力的官員審理此事，全面性聽取與調查各階層的意見，同時也進行搜查與證據收集。

調查結果全面否定了訴狀上所指控的內容。

三日後，七月一日，鷹山宣判了七位重臣的處罰。

須田與芋川被下令切腹及貶為平民，剩下的五人則被處以幽閉蟄居之刑並且削減俸祿。芋川之父芋川正令也因為兒子連坐受罰。

調查官員後來搜查被命切腹的須田及芋川宅邸，從須田房中發現藩醫兼儒學者藁科立澤與此事有關的秘密書信，原來立澤是串通七位重臣寫訴狀的首謀，後來立澤不僅被奪去藩士身份，還被處以斬首之刑。

藁科立澤之所以煽動這七人，是因為鷹山將細井平洲招聘來米澤，他深怕自己儒學者的地位不保，出於自保和嫉妒才會這樣做，不管在什麼時代，自保和嫉妒會引發各種事件。

無論如何，在這件事情以後，改革又往前邁進一步。

兩年後，鷹山回復了「七家騷動」中被嚴厲處分的七家名譽，展現了「鷹山之仁」。

孫子兵法中有一句話說：「將者，智、信、仁、勇、嚴也」，將領，也就是領導者，必須兼備這五種要素，在這次事件中，鷹山明顯展現了「嚴」的特點。

身為領導者，必須以嚴格且信賞必罰的態度面對下屬，鷹山實踐了他的約定與誓言，也就是他對春日神社及白子神社神明起誓時所說的「賞罰公正」。

領導人群或組織時，若光只有「仁」（體貼、溫柔）的要素，很容易創造出姑息養奸的組織結構，因此需要「嚴」的要素，但「嚴」與「仁」要如何使用分配，就是領導組織時的一大重點。

京瓷的名譽會長稻盛和夫曾說過，領導者最重要的是「兼具（嚴與仁）

兩極端」，身為領導者必須要臨機應變地發揮這兩極端，但如何取得平衡是最難的地方。

不過，鷹山對「七家騷動」事件做出公正的裁罰，他平衡「嚴」與「仁」的方法，即使放在現代也能成為我們的啟發。

> 只知明哲保身者，焉能保家衛國。
>
> ——吉田松陰

如何活下去？

鷹山既然發誓要成為「民之父母」，就下定決心要把米澤打造成絕不讓人民挨餓的國度。

即便發生天災、饑荒或天候不佳，都要讓人民活下去，這樣的想法出現在救濟饑荒指導手冊《糧物》中。《糧物》的編者為鷹山的重臣莅戸善政和中条至資，序言如下：

〈糧物〉

藩政府長年調查荒收之年的對策，民眾無需擔憂。若為荒收之年，藩政府將會盡一切能力採取應變措施。但政策不可能無微不至，加上有時會發生兩、三年農作物持續歉收的狀況，所以請大家務必要充分儲存能當作主食的糧食，像是種植小麥、蕎麥、黍、稗等，並將蔬菜及白蘿蔔曬乾保存，自不必說每年都要照料農地。還有，請培養在主食中混入各種「糧物」一起吃的習慣，但由於民眾不知道正確的知識或安全食用方法，甚至可能會因此喪命，所以藩主和醫生們確認過各食物的安全性後，親自來為大家指導，這本書選錄了可安全做成「糧物」的食材與製作方法。每戶人家都應該從衣食無虞的今天起未雨綢繆。

這件事的梗概如下：

鷹山的親信莅戸善政受鷹山之命，調查及研究日常生活中可以成為替代糧食的動植物，並命令御醫矢尾板榮雪等人研究可以食用的動植物。善政以研究的成果為基礎，記錄成賑饑的指導手冊《糧物》一書，他自己就是編者。雖然書名的漢字寫「糧物」，但此處「糧物」主要是指可以和主食穀物混在一起煮的食材，當陷入糧食不足的危機時，為了節省主食，這些食材就可以成為替代食品。而且在饑荒的時候，可以當作主食的植物被稱為救荒植物，因此這本《糧物》可說是救災書。

附帶一提，我在讀這本書的時候，書的封面雖然是用拼音拼成糧物，但序言的糧物就有加上漢字。

書的內容是用拼音順序羅列，詳細記載約八十種草木果實的特徵與料理方式，還有食材保存、味噌製作、魚類和肉類的料理方法等等。

這本書的編纂總共花了兩年的時間，享和二年（一八〇二年）出版了一千五百七十五冊，分送給以米澤藩為主的領民。

在這些救荒植物中，以「五加科」最為有名，鷹山推廣人民將五加科種成籬笆，在緊急時刻就可以作為替代糧食端上桌，雖然五加科的嫩葉吃起來有苦味，但用熱水或油料理過後味道就會變得很好，根皮則能作成滋補健體的藥材五加皮。

此外，鷹山為了成為「民之父母」，讓人民幸福，他知道扶植新興產業是不可或缺的，也就是所謂的振興產業或殖產興業。

無論今昔，殖產興業對重建來說都是重要的事，尤其若能成功開發新的事業或人氣商品，就會加快重建的速度。

但是，鷹山振興產業的計畫是否能順利成功呢？

竹俣在一七七五年時，草擬了一個大型植樹計畫，預計要種植桑樹、楮樹、漆樹各一百萬株，希望藉此製作出蠟燭、和紙與生絲等人氣商品，預估在十年間能獲得三十萬石的收益，但是漆樹蠟並沒有像預計的那樣帶來收益。

因為比起米澤的漆樹蠟，九州或西日本的櫨樹蠟品質更好、更便宜，因此這個計畫遭遇挫敗，放到現在來說，可以說是市場調查做得不夠吧。

另一方面，雖然苧麻是米澤藩的特產，並作為原料提供給盛產紡織品的越後等地，但因為產出太多，所以收益並不高。

這就是魚販與壽司店的原理，也就是比起魚販，非得成為壽司店不可。假設一間壽司名店向魚販以一尾五十日圓的價格購買竹莢魚，經過廚師捏成壽司後就有了附加價值，以兩個壽司賣五百日圓來計算的話，等於產出了十倍的附加價值。

同樣的，如果不將苧麻做成商品添加附加價值，就無法得到較高的收益，因此鷹山後來從原料買賣轉移成商品買賣。

鷹山招聘紡織品的老師到米澤，最初只是讓武士的妻子或女兒學習織布當作副業，後來就獎勵人民栽種桑樹與養蠶，將產業重心放在絹絲製品上，最後出羽的米澤紡織品聞名全國。

更進一步，鷹山為了成為「民之父母」，他知道需要有如同自己分身般的良好領導者及指揮官，有句話說「學問為治國之本」，這都跟「民之父母」的概念息息相關。

因此鷹山於安永五年（一七七六年），於城邊的元籠町設立了「興讓館」，創立之時鷹山還尋求其師細井平洲的意見。

平洲告訴他，學問不是只有單純讀書或會讀漢文而已，必須要有對現實政治與經濟有幫助的「應用科學」才行。鷹山還從有能力的家臣子弟中，挑選出二十人作為學生免費入學，據說興讓館培養了許多有為的人材，為米澤藩政貢獻良多。

> 知識是一個商品，老師就是商品的仲介，路途無須迷惘，順其自然即可。
>
> ——山本宣治，《斷片》

鷹山，三十五歲退休

天明五年（一七八五年），鷹山以三十五歲之齡隱居，早早地就將家督之位讓給繼承人上杉治廣。治廣是前任家督重定的親生兒子，後來成為鷹山的順養子[3]。雖然鷹山隱居過早，但這是他想讓前任家督重定安心的舉動，這種體貼可說是鷹山式孝行。

傳位之際，他記下自己當藩主的心得，寫成〈傳國之辭〉留給治廣。內容如下：

一、國家為先祖遺澤子孫之物，非我私有物。

二、人民屬於國家，非我私有物。

三、君主為國家人民所立，非國家人民為君主所立。

勿違背此三項。

天明五巳年二月七日治憲（畫押）

治廣大人案前

雖然我想各位讀者看了〈傳國之辭〉後，大致上就能理解其意義，不過我還是姑且翻成白話文如下：

①國家是祖先留給子孫的，不能將國家當成自己的私有物。
②人民是屬於國家的，不能將人民當成自己的私有物。
③君主應是為了國家人民所立，並非是國家人民為了君主而存在。換言之，君主是為了國家與人民而存在。

如果讀過〈傳國之辭〉，就會發現這教誨展現了與現代相通的民主主義的根本精神。

鷹山隱居後不久，新藩主走馬上任，繼續推動藩政改革，但藩士間的風

3 譯註：弟弟當哥哥的養子。

氣卻越來越退步及惡化，因此鷹山在治廣的強烈請求下，作為顧問再次深入參與藩政改革。

一七九一年，鷹山的左右手，已經退隱的莅戸善政再度出仕，五十七歲的他擔任藩政改革的要角，這就是第二期的「寬三改革」。

鷹山和善政設立上書箱，為了重建藩財政廣求意見，不只傾聽家臣意見，也詢問農民與城民等廣大人民的意見，希望能夠改善第一期改革的做法。第一期的改革比較像是上面怎麼說就怎麼做，而第二期改革則側重於廣納家臣與人民意見的方式。善政成為中老（後成為奉行）兼鄉村頭取[4]和勝手方掛[5]，並和丸山蔚明、神保綱忠及黑井忠寄（半四郎）等人主導改革。

此外，他們還草擬了名為「十六年架構」的財政重建計畫綱要，目標是將藩政花費減半，剩下的一半用來償還債務，並預定在十六年內償清，重新建立健全的藩政。

另一方面，寬政六年（一七九四年），北条鄉（米澤市北部到南陽市一帶）因缺水而苦，為了送水，黑井忠寄成為總長三十二公里渠道的工程負責人，並在隔年完工，提供北条鄉農業用水，治廣為表揚黑井的功績將此工程命名為「黑井堰」。寬政十一年（一七九九年），他們開始挖飯豐山的引水道，想將玉川的水，引導至水量較少置賜地方的白川，這個浩大工程在二十年後的文政元年（一八一八年）竣工，米澤置賜地區的田地因此受惠，稻米產量也隨之增加。

像這樣，鷹山的改革成果逐步顯露，藩財政一點一滴地好轉，但他仍維持大儉約令時期的生活方式，一湯一菜、穿著木棉衣，無論誰來勸說都堅持嚴格律己，他真正實踐了孫子兵法的「嚴」。

鷹山不退縮且堅持的意志力，感化了藩士與人民的心，讓改革精神浸透在生活中，可說是徹底執行了改革。

文政五年（一八二二年）三月十二日，身體狀況不佳的鷹山以七十二歲

4 譯註：負責一個地區行政事務的總監督。

5 譯註：專管財政的職缺。

之齡去世。

他的人生可說是為改革而活的精彩一生，他的魅力，直到現在還深深地擄獲許多人的心。

鷹山流傳於世的名言，「做了就會成功，如果不成功，是因為不想做」，到現在還是激勵著每個人。

> 做了就會成功，如果不成功，是因為不想做。
>
> ——上杉鷹山

鷹山的「仁心」流傳至今

最後要向讀者介紹一封老婆婆的信，透過這封書信，目標是成為「民之父母」、行「仁」之政的鷹山，氣勢彷彿就在眼前。

安永六年十二月六日（一七七八年）一月四日），米澤西郊的遠山村（米澤市遠山町），一位叫做榮代的婆婆寫給出嫁女兒的一封信。

透過這封信可以看到鷹山微服出巡，視察藩政改革和農村復興的情況。翻成白話文如下：

匆匆來信，雖然從上次見面後許久未見，但我想你應該平安無事，我也很健康不用擔心。

秋天的某日，當我在整理曬乾的稻米時，發覺驟雨即將來臨，於是我請兩位路過的武士幫忙。我想送他們用新米做成的米餅當謝禮，於是就問米餅做好後該送去哪裡，他們告訴我就送去城裡的北門（然後門房會跟我說）。當我帶著三十三個米餅前往時，才發現那人豈止是武士，他是殿下啊！我當場嚇到跌坐在地上，接著殿下給了我五枚銀幣當作獎勵。為了紀念此事，我送給族人與孫子每人一雙短襪，請將這雙短襪看作是殿下的賞賜，珍惜地穿著它，願你平安。

十二月六日
母親榮代

追記：如果襪子不合腳的話請好好收起來，詳細情形等過年見面時再跟你說。

這段故事體現了上杉鷹山的人品，在那個時代，藩主和農民說話是不可能的事。

儘管如此，鷹山看到為了避開驟雨而手忙腳亂的人民，自然就會上前幫忙，因為對立志做「民之父母」的鷹山來說，這是理所當然的行為。許多故事的創作內容，都是在說微服出巡的將軍懲惡揚善以及幫助老百姓，像是故事《水戶黃門》或電視劇《暴坊將軍》，但幾乎沒有像鷹山這般真實的事件流傳下來。

這封信現在典藏於米澤市宮坂考古館並展示著，全信以片假名寫成，現在的我們大致上也能讀懂，而且可以當作貴重的史料，能夠看到當時農民已經有讀書和算數的能力。

另一方面，透過這封信，也可以看到鷹山是主張要去現場視察的人，他去那裡，一定是想親自確認農村的狀況，還有各種藩政改革的進行。

有一句話說「委任但不放任」，鷹山在聽部下報告的時候，絕對不是草草敷衍帶過的。

他一定會前往現場，用自己的雙眼監督，一面確認進度，一面確實執行，正因如此，藩政改革才會成功，鷹山才會成為江戶時代首屈一指的名君。

希望讀者們都能以鷹山為模範仿效他。

三現主義——現場、現物（實物）、現實。

在現場，接觸現物（實物），看清現實。

——《本田公司社訓》

CHAPTER

6

山田方谷

——帶著真心與慈愛重建藩地

Sincerity and Affectionate

What Every Business can Learn from
Great Leaders in the History

山田方谷

一八〇五～一八七七

帶著真心與慈愛
重建藩地

幕府末期的儒學者和陽明學者，作為參政重振瀕臨破產的備中松山藩。其父為山田五朗吉，原本屬於清和源氏一脈的武士，但家道中落，一邊以商賣和農業維持生計，一邊期望重振家族。五歲時師事新見藩的儒學者——丸川松隱，二十歲時升格為武士，就任藩校「有終館」的首席教師，教育藩主與藩士們的繼承人。受第七代藩主板倉勝靜的邀請，成為備中松山藩的元締役[1]，為重振財政做出貢獻，不僅清償了債務，還販賣備中耙，開發生財管道，做出成果。此外，還成功讓備中松山藩在混亂的幕末中免於滅亡的命運。晚年他任教於長瀨塾、小阪部塾及閑谷學校等教育機構，培育後進。享壽七十三歲。備中松山城是被叫做「天空之城」的有名山城。

1　譯註：類似藩的財務大臣。

方谷看重的道德與義理

二〇一五年，得到諾貝爾獎的大村智先生，在得獎那一年寫下的座右銘，就是山田方谷的「至誠惻怛」，大村先生重建了陷入困境的北里研究中心，而他的信念與哲學，就是「面對任何事都以真心（至誠）與慈愛（惻怛）的態度去做，這樣事情就會順利進展。」

如果方谷聽到這番話，大概會很高興地認為「得到我的真傳」吧。

方谷是一位儒學者和陽明學者，他重建了幕府末期瀕臨破產的五萬石備中松山藩（現在的岡山縣高梁市），身為知名財政專家的同時，他也是松山藩的參政。除此以外，還是一位偉大的思想家、哲學家和教育家，方谷可能還有更多的頭銜。到了明治時期，他在長瀨塾、小阪部塾及閑谷學校等教育機構任教，盡其所能培育後進。

進入明治時期以後，方谷拒絕元勳大久保利通等人的邀請，不肯就任新政府要職，所以他在明治初期的中央政壇並不活躍，也由於松山藩是小藩，所以他並非舉國皆知的人物。

但是方谷在藩政改革的能力上，是不會輸給上杉鷹山的。

方谷僅在八年內就償還了十萬兩的債務（以現在來說是兩百億日圓，根據比較基準不同，也有人說是三百億日圓），不僅如此，還多創造出十萬兩的積蓄，是江戶時代首屈一指的藩政改革家，即使稱方谷為「幕末的重建之神」也不為過。

如果方谷接受大藏省[2]要職的邀請，成為被稱作近代資本主義之父澀澤榮一的上司，那麼山田方谷就有可能成為與澀澤榮一相提並論的人物也說不定。

此外，方谷是江戶後期的大學問家——佐藤一齋塾裡的首席教師，同時也是信州松代藩佐久間象山的師兄、河井繼之助（越後長岡藩的家老）和三島中洲的老師。

方谷從佐藤一齋那裡學到「真功名即道德，真利害即義理」（言志四錄），意即真正的功績與名聲是實踐道德的結果，而真正的利害，必須以義理、正義及道理為判斷標準。方谷因此更加深了自己對義與利的信念。

真功名即道德，真利害即義理

——言志四錄

方谷是什麼樣的人物——他的人格魅力的原點

山田家原本是清和源氏一脈的武士，但在方谷誕生時，家裡已經如同尋常百姓一般，以商賣維持家計。

無論如何，方谷身為希望重振家族的五朗吉（以製造及販賣菜籽油為生）之子，在一八〇五年誕生於備中松山藩西方村（現在的高粱市）。

方谷曾自述：「父親從我小的時候就會講歷代祖先與家族傳統給我聽，

2 譯註：日本過去最高的財政機關，成立於明治維新時期，為現今財務省之前身。

並常常告訴我，我肩負重振山田家的重大責任。」重振家族的精神與志向成為貫穿方谷一生的支柱。

解開方谷一生秘密的關鍵，就藏在山田家的墓地，方谷母親的碑文中。這個碑建於父親五朗吉與母親梶的墓之間，寬約六十公分，被稱為「撫髮之訓」碑（先妣墓碑）。

這個碑是方谷六十三歲時建立的，時間是德川幕府瓦解前夕的一八六七年八月。上頭為方谷寫給亡母的話，雖然全文有點長，但我想為各位讀者介紹內容大意：

嗚呼。家母逝於文化戊寅（文政元年，一八一八年）八月二十七日，中間經歷了漫長歲月，如今才終於建成此碑。

家母為西谷信敏的女兒，出生於（新見市大佐町）小阪部，嫁給家父後生了我與弟弟、妹妹共三人。

家父經常感嘆，我們家族本是武家名門，在中途沒落，久了之後就和農民混跡。因此在我年幼時，就讓我師事盛名的儒學者丸川松隱老師，並不斷地訓誡我，要我繼承先祖重振家族名聲，而家母總是在我身旁鼓勵著我。

有一天，家母一邊撫摸著我的頭髮，一邊溫柔地對我說：「我可愛的孩子，你一定會完成你父親的志向。如果是你，一定可以，但如果因此得意忘形，只會重重跌跤。沒有什麼會比你能優秀地過完這一生，更讓母親感到高興，那樣我就能滿足了。」

我當時雖然僅有六、七歲，但這番話我一直銘記在心，時至今日片刻不敢忘懷。

有件事情，發生在家母過世前十天。我因為擔心家母的病況急忙歸家，但她雖然虛弱地臥病在床，仍強烈催促我趕快回到丸川老師家向學。我哭倒在家母枕邊喊著：「母親！母親！」對離別感到悲傷不已，但她嚴厲地斥責了我，要我回到丸川老師家。

沒多久，我就接到家母病情急轉直下的消息，我飛奔似地於深夜歸家，但家母已然過世，年僅四十歲，而家父也在隔年過世。

那年我十五歲，形同孤兒，氣力孱弱，一想到雙親生前的教導，悲憤之情溢滿胸中，我也曾有迷失方向的日子，但我後來奮起發誓要重振家族，無論多苦都要一心向學。

最後我胸懷儒學，出仕備中松山藩，更就任元締役等重要職位，與藩的政務息息相關。文久二年（一八六二年），我在江戶之際曾謁見過將軍大人。後來我因為生病辭掉職位，將弟弟的小孩過繼為養子。

雖然隱居了，仍因為藩主的盛情難卻，只要藩政一有大事，我就會參與討論。現在的我，平日就在老家養老，過著悠閒自適的每一天，也終於可以回應一邊撫摸著我的頭髮，一邊教誨我的家母的期待，故這個碑時至今日才得以建立，實在是因為有不得不這樣做的理由，還請原諒我。

家母剛嫁過來時，家裡還很貧窮，生活困苦，但家母幫助了家父，並從事家裡的工作，雖然吃了各種苦，仍孜孜矻矻。即使後來家裡有了餘裕，家母仍像從前一般戴著竹笄，穿著粗糙的和服，但卻對我的學費毫不吝嗇。雖然我能力笨拙，卻因為雙親的恩德與遺產，以致能夠完成學業，因為雙親的庇蔭才有了今天的我。

我是因為誰的幫助才有這些成就呢，是雙親的庇佑。我一直銘記著母親大人豐厚的恩澤與對我深切愛護之心。

慶應三年秋八月　六十三歲老兒　山田　球　拜撰。

山田方谷這篇文章以「嗚呼」開頭，以「六十三歲老兒」結尾，傳達出對母親深深的感謝，以及一路走來一心實現母親願望的人生態度。特別是「老兒」一詞，殷切傳達了方谷認為自己無論幾歲，都是母親愛護的孩子，以及自己仍像兒時一樣深愛著母親的心情。

方谷的一生，可說是完全回應了父母的期待，貫徹他希望孝順父母的心情，而且雙親對他的期許形成了支柱，所以無論多辛苦都不會動搖。

京瓷的名譽會長稻盛和夫經營十二條之中，也有一條為「胸懷強烈的願望，胸懷貫穿潛意識般強烈且持久的願望」，可以說方谷雙親的願望，也成為方谷本人強烈的願望。

另一方面，方谷母親的教誨也顯示出要讓一個人成長，就要對他的可能性抱持期待，並不斷對他傳達出期許的心情，這件事情是很重要的，現代企業的人材養成也是如此。

方谷希望花上一生的時間以報親恩，為了這個目標，他晉身成武士，出人頭地，達成改革藩政的偉業，讓國家變得富饒強大，而且身邊聚集了許多厲害的人材和門下弟子，也終於回應了雙親的期待。

立身行道，揚名於後世，以顯父母，孝之終也。

——《孝經》

「治國平天下」這句話

方谷五歲的時候，就和新見藩的儒士丸川松隱學習論語等儒學（朱子學）。

在他虛歲九歲時，有一位來客聽聞方谷如神童再世，便問在松隱塾的方谷：「你將來想要做什麼？」結果方谷回答：「治國平天下。」使得來客極為驚嘆。

因為當時是身分制度嚴謹的時代，方谷不是藩主或上級武士的子弟，而是一介賣菜籽的農民之子，但卻坦蕩說出「治國平天下」之語，讓這位來客嚇了一大跳。

雖然幕府的力量已經釋微，但作為農民子弟，這樣的發言仍然超脫了常識，普通的農民是不可能說出這種話的。

但是，方谷只是單純回答這個問題吧。他在丸川底下學習大學問，這個答案是他鑽研儒學的成果，也是學習的回饋，這件事情證明了藉由教育，人會變得胸懷大志，並且優秀地成長起來，教育的重要性無論是以前或現在都沒有改變。

另一方面，綜觀方谷的一生，可說「治國平天下」是他人生的軸心、志向及任務，貫穿了他的一生。這句話出自儒學「四書五經」中的《大學》。《大學》中的原話是「修身齊家治國平天下」，意即若先修身、齊家然後治國的話，天下就會太平。

我認為方谷就是想強調這句話的「治國平天下」，我在他的回答中，感受到理想和志向遠大的程度，因為一般來說，「修身齊家治國平天下」是很熟悉的慣用語，一般人應該會直接照著說出來才對。

我回顧自己的孩提時代，如果僅是單純背誦，我也能講出不錯的句子，但方谷恐怕不是如此。儘管才虛歲九歲，已經非常清楚地道這句話的意思，所以他才說得出「治國平天下」。雖然真實狀況只有本人才知道，因為並沒有留下確切的史料。

方谷二十五歲時，以學者身份取得中小姓[3]的武士身份，被任命為藩校有終館的首席教師。四十歲的時候，作為有終館首席教師，傾注所有力量在藩的教育上，這時的方谷替世子板倉勝靜（松平定信的孫子，後來成為幕府最後一位首席老中）講授學問。

修身齊家治國平天下
——孔子

「為何被說是貧窮板倉？」

勝靜在來到備中松山城以後，向許多重臣詢問：「為何備中松山藩被說

3 譯註：江戶時代中為武士中的最下層，下級武士的稱呼。

是貧窮板倉呢？」板倉就是備中松山藩主的家名，勝靜想知道的是，為何在參勤交代[4]的途中，連抬轎人都會嘲笑松山藩是「貧窮板倉」的真正理由。

因為勝靜突然這麼問，臣子們無法掩飾吃驚的表情，紛紛說是因為百年前的備中松山藩檢地出了錯誤，每個人都說是檢地的錯，像是要隱藏實情一樣。即使勝靜問到改善的對策，重臣們也只回答要過樸素儉約的生活，或是強化及落實課稅而已，並沒有回答到問題的核心。

勝靜很常巡視領地，而方谷則作為隨從跟在勝靜身旁，方谷漸漸認為「如果是這個君王的話，應該可以吧」，這樣的想法越來越強烈。

直到有一次，勝靜也問了方谷：「為何備中松山藩被說是貧窮板倉呢？」方谷回答：「我只是一介學者，沒有議論實際藩政或財政的資格，不過我在佐藤一齋私塾學習時，寫了名為《理財論》（原文為《論理財》）的論文。但因為是學者論文，如果有批評到政治的地方，能否請大人見諒呢？」

理財就是經濟的意思，討論如何運用財貨獲得利益就是《理財》。

因為勝靜回答：「知道了。」所以方谷就把收在文卷匣中的《理財論》

獻給勝靜。這篇論文開宗明義道：「大部分能好好處理天下事的人，都會站在事情外面，而不是屈服在事情裡面。然而如今管理財政的人，全都屈服在金錢之內。」方谷的敘述如下：

因此這時代的名君與賢臣，會經常反省此事，要求自己超然立於財外，不屈服於財內，將有關金錢收支一事委任給相關人員，而自己僅是掌握與管理綱要原則，在財之外立見識，明義理，正人心，屏棄世俗的浮華，禁止賄賂，肅清官員，為民生努力，豐富當地人文物產，尊敬古聖先賢，振興文教，提振士氣，拓展軍備，重整綱紀，政令於是清楚明白，這樣即可確立經世治國的的大方針，理財之道也自然通達。倘若不是英明有遠見的人物，是無法達成此一目標的。

4 譯註：日本江戶時代的一種制度，各藩的大名需要前往江戶替幕府將軍執行政務一段時間，然後返回自己的領土執行政務。

勝靜像是受到驚嚇般，眼睛瞪得極大地猛讀這篇論文。

這篇文章的詳細解釋會在下章節說明，不過基本上大意如下：

「優秀的君主與賢明的大臣，會認真回顧過往歷史進而反省，超然立於眼前經濟活動外的制高點，將歲入與歲出增減交給可以信賴的一兩名部下，把自己的工作範圍，限定在只關心根本的理財原則，以看清大局與本質。」

做驚天動地的功業也要至誠惻怛，若不是為了國家，那就只是一己之私。

——山田方谷

方谷以「利者義之和」說服勝靜

方谷希望勝靜能成為一代名君、名藩主，所以一逮到機會就熱情和勝靜談論改革的政策。

「我們藩政的理財制度，與歲出歲入的政策越來越周詳，而且努力減少支出長達數十年，但藩政卻越來越窮困，債務也堆積如山。

原因到底是什麼呢？這不是理財知識不足或政策不夠周詳的緣故，而是我們在平穩與安逸的生活中，只擔心財政惡化與貧窮，忽視了義理或根本的改革。

這樣的結果，造成人心輕浮、賄賂橫行、文教荒廢，領民即使生活窮困也找不到有效解決方法。

若詢問財務負責人，他們當然會主張『因為沒有收入，每天都在設法籌措資金，沒有餘裕想其他事情』，只追求財源而忽視基本國政，一個國家若只拘泥於財源或數字的增減，那麼國家財政也無法得到重生，無法變得健全。

財務負責人盡做些鑽牛角尖的比較分析，只看得到眼前數字的加總或理財手段，不得不說這是屈於『財內』（事內），造成的結果，不僅讓國家窮困，也沒有探尋真正的原因。

為了財政改革與重建藩政，不能像這樣屈於『財內』，不可以被財政與財貨一事所囿，讓視野變得狹窄。我們必須要超然地立於『財外』（事外），站在綜觀大局的位置，高瞻遠矚，像有機體般綜合考量整個國家的全體事務。

首先要明義理以正人心、禁止賄賂、肅清官員，為民生努力培養人材，讓人民生活富饒是最重要的。接著，尊敬古聖先賢的教導，振興文教，提振士氣，拓展軍備，重整綱紀，這樣政令才會清楚明白，換言之，強力推廣文武雙全的政治比什麼都重要。

這樣做的話，治國的辦法自然而然就能確立，理財之道也會完備暢通。

另一方面，正所謂『利者義之和』（易經），義與利是合一的，一個人的行動或品格要基於道德或道理，做正確的事情會對自己有利，而財貨也是所謂的利。

此外，論語也有『見利思義』（憲問篇）一詞，孔子認為要時常思考利是否合乎義的問題，因此，比什麼都重要的是曉以大義，重新建立義的必要。

但是，若非英明雄略之人是無法達成此目標的，與此同時，若藩主或家老等重臣、財務負責人沒有誠心，沒有以身作則，是無法成功的。」

這件事與現代企業改革和企業重生是同樣的道理，若只在「事內」處理問題，做出削減經費、降低薪資等舉動，只關心財務數字的加總，讓帳面打平，這樣的企業難以產生變革或重生，無論過多久都不會有起色。我們必須站在「事外」旁觀大局，重新建立「義」的經營理念與經營哲學，改變根本的企業體質（企業文化），以及制定成長策略或挑戰新事業才行，近年稻盛和夫重建ＪＡＬ一事就是最好的明證。

利者義之和。

——易經

方谷堅持辭退元締役的晉升

在這章節中，就讓我們詳細來看方谷晉升為元締役一事，同時我會說明事情的經過與方谷的想法。新藩主板倉勝靜於一八四九年（嘉永二年）十二月九日，將方谷叫出江戶藩邸，嚴命他出任「備中松山藩元締役（勘定奉行）兼任吟味役」一職，這對方谷來說是晴天霹靂。

「這真是糟糕了——。」方谷在江戶藩邸，突然接到勝靜要他當元締役兼任吟味役的命令時，一定是大吼大叫吧。一次晉升到兩個職位上，也就是同時作為藩的財務大臣兼任副大臣，一肩扛起備中松山藩「行政上的財政權」，光用想像的就讓人害怕不已。

無論如何，方谷認為他必須拒絕元締役一職。方谷左思右想，然後拚死寫下拒絕信，希望勝靜能夠改變心意，方谷寫道：「我年事已高，需隱退將未來讓給後進……。」

如果不是代代相傳的家臣任職這樣的機要職位，就會掀起巨大反對聲浪，無論是反感、反彈、諷刺或嫉妒等情緒，都是再尋常不過的事。

不苟同的勢力實在太強大了……，就連方谷也感到猶豫，這件人事任命掀起懷疑的聲浪，形成妒忌的漩渦。

例如，此時在江戶藩邸有兩首諷刺歌朗朗上口，內容為「農民出身可以做什麼」的嘲笑狂歌在藩邸流傳：

「出山可以做什麼，子曰可以當元締」

「孔孟帶入藩財政，一切都成一場空」

山田方谷姓山田，所以被取笑是從深山出來的[5]，此外，這位出身於菜籽油商的一介農民，就算多少有些學問，但以「孔孟」之學理財，只會讓藩財政更加空虛，意即方谷身為非財政專家，只是一位像儒學者的人，到底可以

5　譯註：日文「山田氏」的唸法等於「從山裡出來的」的意思。

對藩財政做出什麼貢獻，這些狂歌包含了上述的嫉妒與嘲笑。

方谷也聽到了這些狂歌，雖說是預料中的事，但對想要隱居的方谷來說，這些話仍像尖銳的刺一樣扎進了心中。

在狂歌中也能感受到一股憤怒的情緒，雖然眾人不能明目張膽地責備藩主，但通過批判拔擢方谷一事，也隱含著大家批評從外地來的新藩主。方谷認為「如果是自己的事，大家怎麼批評都無所謂，但是藩主明明努力想讓藩政變好，這種改革的想法甚至都還沒開始進行，大家就不由分說的批評他，無法原諒這種言論。」

——勝靜是婿養子，是一位成為藩主後，年僅二十七歲的年輕人，但方谷認為正因為這樣，必須更重視他的志向與想法。

此外，如果農民揮灑汗水，辛苦種下的米與繳納的各式稅金，是用在自己或藩政上面就算了，但如今的藩政全是負債，農民彷彿只是為了債主而辛苦工作，感覺總是有哪裡不對勁。方谷認為必須要有誰來斬斷這個惡性循環，必須有人來改造國家（藩）的結構，讓領民臉上重新展露笑容，在這件事上，藩士也好，武士也好，板倉家也好，都是一樣的。

為了達到目標，必須要提升藩士與領民的所得，讓國家強大起來。藩政必須創造出人民的工作機會，不能只追求今日之事，要幻想五年後、十年後的未來，但要這樣做的話，就會有不得不忍耐的一段時期。

「你是為了什麼向學？雖然你的願望是重振家族，但你的志向就到此為止而已嗎？」一定有許多像走馬燈一樣的想法，接二連三地浮現在方谷的腦海中吧。

治國平天下——幼年跟隨丸川松隱學習時，客人問方谷將來的志向，九歲的他回答「治國平天下」。沒錯，正是為了這件事情，才一心向學。財政正是「治國平天下」中重要的一環，通過實踐財政改革就能對藩報恩。這是第二人生，他此時一定是這樣想的。

方谷心中有了堅定的想法，而且反正都要隱居了，如果作為元締役可以為國效力並做出貢獻的話，即使犧牲生命也是得其所願。他想，第一段人生在四十五歲的今天就死了，從今以後要走脫胎換骨的第二人生，這次要「以從政盡一己之力（至誠）」，用自己的雙手讓人民富足，他下了這樣的決心。

方谷的腦海中浮現勝靜和他約定「君是為民存在」、「士也是為民存在」的臉龐，於是他強烈發誓要鞠躬盡瘁，死而後已，他的改革以領民優先主義為根本，目標是全國致富。這死過一次的身軀，已經沒有私心或利己之心，有的只剩至誠惻怛和撫育士民，閃過這個信念的瞬間，方谷的心中一定是大聲喊著：「做吧！」

> **撫育士民。**[6]
>
> ——山田方谷

負債十萬兩，「天空之城」的藩政瀕臨破產

方谷於一八五〇年一月，一邊參考各式各樣藩政改革的事例，例如藩政

改革先進上杉鷹山的米澤藩改革，一邊以《理財論》及《擬對策》為原型，思索財政改革甚至是藩政改革的對策。

方谷學問的基礎是朱子學（儒學）以及《資治通鑑》、《資治通鑑綱目》、司馬遷《史記》、《十八史略》等，方谷從中國榮枯盛衰的歷史中學習許多智慧，於是他活用至今習得的學問與「歷史智慧」。

以年貢為中心的農本主義傳統經濟結構，已經無法契合正在發展的貨幣經濟結構，所以必須改善結構與現實之間產生的落差。這樣分析的方谷，思考了如下六個對策作為藩政改革綱要，並以優先順序加以排位：(1)上下節約、(2)整理負債、(3)振興產業、(4)翻新紙幣（藩札）、(5)撫育士民（民政改革）、(6)獎勵文武。此外，由於當時有國外的威脅，為了守護國土（藩土）安全，必須同時推進「軍（兵）制改革」，關於這幾項制度會在後面詳述。

6　原註：「以慈悲與愛護之心育養武士與農民，為藩士和領民的物質與精神都帶來幸福」，也就是「讓領民富裕，讓國家富強，就能自強不息」的想法。

無論如何，必須先對藩財政的真實情況有正確掌握才行，也才能進一步決定對策，於是方谷動員全體部下與家塾「牛麓舍」培養出的弟子，立刻調查藩政的實際狀況。

結果發現糟糕的事實，原來藩政正瀕臨破產，不，說已經破產了也不為過。方谷認為，過去實施的元祿檢地太嚴苛且粗糙，但將過去的事拿來作為藉口沒有意義，要做使藩政重生的改革需要勇氣，不過光有勇氣是不夠的，想要貫徹對君主的忠誠與對藩的忠誠，就需要有近乎蠻勇的膽識。

搞不好，甚至會被暗殺——這樣的恐懼一瞬間也讓方谷背脊發涼，但他決心要貫徹至誠與「盡己」。

方谷在三月的財務報表中附加了一份「進呈書」，大意如下：

首先，作為主要收入的年貢收穫，表面上有五萬石，但實際上只收到一萬九千三百餘石，再扣掉家臣的俸祿，剩下一萬三千石，換算成銀兩，就是一萬九千兩，再扣掉備中松山藩的藩廳以及江戶藩邸的費用，沒有任何剩餘。

即使單純的思考也會知道，藩政明明只有一萬九千三百石的收入，卻要維持五萬石的家格，花費當然會超支，最後只得依賴借款是理所當然的事。藩政的負債不斷地累積，最後達到十萬兩（換算成現在的幣值約為三百億日圓），負債的利息這些年也變成八千～九千兩（二十五億日圓左右），如果現在仍然仿照以前的方法辦事，即使每年付得出藩政的必要花費，十萬兩的債務也完全不會減少，而且因為利息膨脹，根本無法償還債務，藩政是完全破產的狀態。

反覆讀了進呈書無數次的藩主板倉勝靜於六月歸國，然後發布藩政改革的號令並且以身作則，方谷在藩主的強烈希望下推進改革。勝靜號令的內容主要為下列四點。

①通知且向所有人表明藩政改革全權委任給方谷。

②強烈要求大臣們為藩思考，兢兢業業。

③將方谷的話視為勝靜的話，表示對他堅定的信賴，同時也表示「不允

許所有人對山田胡言亂語」，不容許對他的一切批判。

④反對者、陽奉陰違的不合作者，都革職或處以嚴厲刑罰。

光是有藩主全心的支持與信賴，改革者就能發揮全部的力量。年輕的勝靜偉大的地方在於，一旦信任方谷，就持續地支援，無論誰說什麼都不會動搖。這件事情放在現代企業重建與改革中也是一樣的，端看上位者是否能做到這種程度，如果老闆（或母公司）與重建負責人（或重建的子公司負責人）之間不能維持強烈的信賴關係，即使能夠順利進行的改革也無法持續下去。

另一方面，有一句話叫做「人生感意氣」，方谷對勝靜的信賴也一定是與日俱增的。

依靠互相信賴與互相扶助，能夠完成偉大的事業，並有偉大的發現。

——荷馬

嚴格的儉約，藩主以身作則

藩政改革最優先的事項是「上下節約」，此為從內部就能做到的改革，也就是所謂「先自隗始」、「開源節流」，徹底執行這件事比什麼都重要，藩主勝靜嗜飲酒，也因此大幅減少晚酌的量。

接著，則是將「上下節約」擴大及藩士與領民，實行徹底的節約。根據方谷「年譜」等資料，「上下節約」的具體內容如下：

一、以一年或一個月為期限，減少藩士的俸祿（方谷率先削減俸祿）。

二、衣服只能使用棉布，不能使用絹布。取次[7]以上穿裃[8]，中小姓身份以上穿尻割羽織，士份以上穿丸羽織，士份以下穿羽織[9]。上衣質地主

7　譯註：官職的一種，向大名進呈事物，或向上級傳遞消息的中間人。

8　譯註：男性和服的一種，上半身為無袖上衣，下半身為褲子。

9　譯註：羽織為男性和服披在外面的那層上衣，在江戶時代羽織為武士的制服，樣式則會因為武士的階級不同有所差異。尻割羽織為後背腰部以下特意分成兩半的設計，方便騎馬。丸羽織上面通常會有兩個圓形的圖案。

要以麻為主，褲子夏天以麻為主，冬天則以小倉織[10]為主。

三、有士份的婦人只能戴一根銀髮簪，士份以下為黃銅簪，梳子以木竹梳為限。

四、只有九月至隔年四月能穿短襪。

五、除非必要，禁止宴饗與送、回禮，每餐僅限一菜一湯。以酒慶祝的喜事，一餐以一口為限。全國適用此基準。

六、無論男女，結髮不找人幫忙。

七、婦女從事家政，除非必要不找婢女。

八、奉行代官不接受一切餽贈。

九、負責巡鄉的官員滴酒不沾。

方谷可說是徹底執行極為嚴格的儉約政策。此外，奉行等職員視為理所當然的賄賂或宴會招待都被禁止，減輕了對村長與農民來說相當大的負擔，這也表現了方谷士民撫育的理念與人民本位主義的態度，針對這點，恩田木工也抱持同樣的想法。

也因為在士分以下的人或農民是這樣的生活水準，所以這九項的主要目標，可說是中級以上武士或富裕的領民。方谷因為知道人民的不平與不滿，所以為了大義，他賦予節約這件事最重要的優先順序，並鼓起勇氣施行。

君子惜財，為用之於助人也。

——貝原益軒

開放的方谷式改革

方谷面臨的下一道難題，就是「整理負債」及償還欠款。無論如何都必

10 譯註：江戶時代豐前小倉藩特產的織布，以棉布為材質，上頭有直條花紋。

須說服大坂的債主才行（在當時，大坂稱債主為銀主，江戶則稱為金主），也因此必須取得他們的信賴。

為了獲得信賴，就必須向他們展現誠意，換言之，方谷發言與應對的一字一句都必須是肺腑之言，還要徹底公開資訊（財務透明）。最重要的是，方谷草擬的償還計畫與藩政重建計畫，必須要債主能夠接受並且信任。

方谷一面思考，一面徹底模擬戰略。本來借貸給大名就被視為高風險行為，所以若沒有細心周全的計畫，債主們是不會理睬的，因為過去經常有大名借錢不還的事例，賴帳印象已深植人心。

大名也知道若做了過分的事，會失去債主們的信賴，債主就不會再借第二次，所以在十八世紀中期後，彼此的借貸關係就變成關係金融（Relationship Banking）的樣貌。正因為如此，建構信賴關係特別重要。

所謂關係金融（Relationship Banking），是指身為借錢出去的金融機關，透過與債務者（顧客）之間維持長期的緊密關係，進而獲得及累積債務者（顧客）大量的信用資訊，並基於得到的資訊，提供貸款等金融服務的一種商業型態。

方谷為了製作計畫，收集了各藩情報並且進行深刻檢討，在備中松山藩的大坂債主中，加島屋（長田家）是至關重要的存在，所以他特別重點檢視松山藩與加島屋的信賴關係，也仔細調查加島屋貸款的特徵，不論什麼時代都可以活用《孫子兵法》的「知彼知己，百戰不殆」。

方谷也參考了長州藩等改革事例，比起大藩，與備中松山藩類似的小藩更有參考價值。

方谷另一個參考對象，就是石見國——津和野藩四萬三千石。津和野藩是以現在的島根縣津和野町一帶為中心的藩，和備中松山藩一樣擁有美麗的城池，被說是山陰的小京都。

津和野藩跟加島屋（廣岡家）的借貸契約書留存至今，即「明和七年（一七七〇年）九月議定書」和「從此以後每年必須用銀計算書」，前者是記載借貸條件和償還條件等雙方同意事項的借貸契約書，後者為附件，記載津和野藩的財政狀況，預算下一個年度之後的收入與支出。

看了這些文件就會明白，除了年貢外，石州和紙及精蠟等特產品也會成為重要的擔保品，因為米作為擔保物，價值會因為行情與天候產生劇烈變動，拿各地不受天候影響的特產品作為擔保物就相當有用，特別是商品經濟正持續發展，特產品正是商業交易中重要的品項。

題外話，其實家島屋有兩個系統，一個是NHK晨間劇《阿淺來了》中的原型加島屋（廣岡家），以及有同樣屋號的加島屋（長田家）。加島屋（廣岡家）的當家也兼任堂島米會所（一七三〇年設立）的要職（米方年行司[11]），堂島米會所可說是芝加哥商品交易所（CME）的先驅，為世界第一個期貨交易所。加島屋（廣岡家）和鴻池善右衛門並駕齊驅，為大坂商人中首屈一指的巨賈，而加島屋（長田家）則可以說是繼承了它。當時兩個加島屋是親戚關係，後來共同成立大同生命保險，大同的第一任社長廣岡正明的妻子夏，就是長田家當家的女兒。

在這樣的加島屋系譜中，對備中松山藩而言，最重要的存在是加島屋（長田家）的分家，長田作次郎的加島屋，等於是備中松山藩的主要往來銀行。

方谷必須說服加島屋長田作次郎，這是一大難題。在這之前，則是必須先說服藩裡的家老等重臣。

比起才智，信賴才會深化關係。

——拉羅希福可

藩老們對方谷的重建方針提出反對

迄今為止的元締役都會隱瞞備中松山藩的實情，不斷地借貸，再用借來的錢粉飾年度財報，這違反了方谷誠與義的信條，方谷在和藩老的會議上，公開了藩政實情，並主張應該要連同帳簿透明化。

11 譯註：專門仲介米糧買賣。

但是他的提議引起軒然大波，許多人擔心或提出反對的意見，「如果這樣做，就無法再跟銀主借貸了」、「這就像是沒有援軍的孤立之城，只是坐以待斃罷了」、「至今培養起來的信用，以及和銀主們的信賴關係怎麼辦呢」。

方谷對這些意見一個個慎重地反駁。

「至今培養起來的信用，是隱瞞收入僅有一萬九千三百石的實情，而構築出的信賴關係。這微小的信用說到底就是假信用。如果說明實情，的確是一時背叛了信用，但改革藩政、返還債務的行為，才是真正的信用不是嗎？真正的信用、至誠的信用及大信用才是最重要的，如果想要守大信用，就不能守著小信用……。」

「確實我們可能不會再有像借貸如此方便的援軍。但現在的狀況是，即使等待著援軍，身為主城的城池陷落的話，援軍也不會來了。倘若城池孤立，但仍拚命死守的話，還可以期待援軍到來。此番舉動是希望不要再有第二次借貸了。」

方谷沈穩卻斬釘截鐵地說道。

得一利益而忘萬損失，嫌一損失而忘得利，為人之常情。[12]

——無住《沙石集》

說服加島屋等債主

根據方谷的「年譜」，一八五〇年十月，方谷穿著一身粗衣極為樸素地前往大坂城，然後將以加島屋長田作次郎為首的藩債主們（債權人）齊聚一堂，向他們公開包含帳簿在內的所有藩政收支實情，「方谷山田先生墓碣銘」中有記載此事，我也試圖重現這個在屋內的場景。

12 原註：一般世人經常將小利益當作大利益，而忘記別的損失。又或者將小損失當作大損失般地嫌惡，而沒有思考其他利益。無論何事，其實都是得失並存的。

「雖然本藩稱有五萬石，但實際收入未滿兩萬石，支付各種花費後所剩無幾，也無力償還債務。這樣下去備中松山藩難以立足，將會完全失去各位債主的信任。」方谷這樣說，債主們面面相覷，臉上露出錯愕的表情。

方谷一邊觀察他們的樣子，一邊誠心繼續說道：「本藩的重臣們從以前就粉飾太平，以圖借貸之便，在不斷積累下，欠款以達到十萬兩，每年的利息為八、九千兩。」方谷將財政赤裸裸地揭露出來，他這樣說的時候，債主們已經臉色發白，但方谷又誠意滿滿地道歉，「事情到了這種地步，本藩已無法再顧及顏面了」、「但是本藩會進行財政改革，以期務必還清欠款，本藩一定會遵守約定」。

每個人臉上都露出「能相信這種事嗎」的懷疑表情，加島屋作為代表則提出質疑：「你要怎麼還錢呢？資金從哪裡來？」

方谷沉穩地回答：「便是上下節約、整理負債、振興產業、翻新紙幣、撫育士民、獎勵文武等六項對策。」

加島屋眾人一邊豎耳傾聽六項對策是否值得信賴，一邊瞪視方谷的一舉一動，「上下節約的內容是什麼？」加島屋又問。

方谷便將上下節約的九個項目加以說明，大家也注意到他仔細回答的樣子跟樸素穿著。「看著山田大人的服裝，我能明白這件事，藩內應該也做得到吧，但我認為最難的應該是振興產業，這件事要如何達成呢？您能詳細地說與我等聽嗎？」接著，銀主等人想確認振興產業，也就是實現成長戰略的可能性。

方谷說「知道了」，便詳細說明如下：

「為了振興引領國家產業，重建當前產業、培養新產業，並透過新創事業帶動經濟成長的戰略至關重要。如果不這樣做藩政無法重生。

本藩山脈連綿，屬山岳地帶，還有許多開發的可能性，在下有下列計畫。首先是開發鐵礦，備中北部的山地有許多優質鐵砂，使用鐵砂可以大量生產耙、刀刃、鍋、釘等鐵器具，我預計以江戶為中心販賣這些商品至全國。」

後來這些三齒耙到五齒耙的輕型耙，讓當時農業生產量提升到劃時代的新高，「備中耙」成為全國知名品牌，某個意義上，或許可以說備中耙是截至江戶時代為止，農業歷史上最大的發明。

方谷繼續說道：「為了挖掘鐵砂與熔鐵，本藩會從外面聘請大量的冶鐵工匠，預計會蓋三十座以上的鐵工廠。也會推廣獎勵開發銅山及增加煙草的種植量等等。」這個煙草就是後來十分知名的「松山煙絲」。

「本藩獎勵人民生產柚餅子等特產，也會鼓勵生產陶器與茶具。此外，預定在一般不會種米的山間地帶種植稻米。」方谷逐一詳細說明。

「雖然米是藩的重要收入來源，但市價波動也十分激烈，為了增加穩定收入，本藩想要提高米糧以外的收益。透過依循本藩特色的產業振興，還有生產、販賣特產與名產，藉此償還向各位借的十萬兩欠款與利息。

只是要達到這個目標需要時間，在下正在思考重建藩政的十年計畫。詳細來說，是分兩次執行五年計畫，目標為十年後達成藩政應有的樣子，我希望透過財政改革成功重建國家，即使粉身碎骨也在所不辭。

阻止藩政不斷出現赤字的同時，我也會透過振興產業讓藩政更有力量，打造出強大的國家。」

最後方谷和債主們低聲下氣地說：「所以在下才來向你們商量請願，雖然感到十分抱歉，但根據借款的狀況，是否能夠延長至十年償還，甚至五十年償還，關於財政改革及藩政改革計畫的進度與狀況，我每年至少會向各位直接報告一次，如果需要的話，隨時都可以報告進度。」

片刻後，債主們又再度出聲詢問：「山田大人，振興產業真的做得到嗎？藩政改革的六項對策真的能夠實現嗎？」

方谷深深地看著每一個人，沈穩又充滿自信的神情大聲說道：

「大家的擔心都是很合理的，但，我山田方谷，即使用生命交換也會實現改革，我一定會遵守約定。」

方谷再一次地重複：「即使用生命交換！」

此話一落，房間內暫時一片沈默，充滿寂靜。打破沈默的是加島屋的長田作次郎：「山田大人不是普通人呢。」加島屋如此感嘆地說道：「我信任山田大人，我想要賭一次，情況我知道了。」加島屋率先做出承諾。像是被加島屋引導一般，其他人也相繼承諾：「如果加島屋大人都這樣說的話，我們也同意。」

看到這情況的方谷立即說：「誠惶誠恐，不勝感激，就這樣說定了。」語畢後，方谷向債主們如同叩頭般重重地低下頭，同時因為看到改革成功的一線光明，眼中也充滿了淚水，滴落至榻榻米上。

像這樣，在振興產業這一塊，方谷不仰賴稻米收成，他會在特產品上面加上「備中」的名字，將備中產品品牌化銷售至全國，如前述，備中耙更是成為極受歡迎的商品。

再進一步，方谷試圖改革年貢米的流通。除了廢止大坂的藏屋敷[13]，運送也不再經過大坂，將要販賣的米或商品用藩的船直接運到江戶。透過生產、運輸、販賣的整合，廢除中間商，打造由藩政直營，能夠獲得高利潤的販售系統。

此外，方谷利用在佐藤一齋塾學習的同學和全國儒學者網絡，以及弟子們的村長網絡，確實得到稻米的收成狀況與行情，他對情勢進行分析，把米和商品在最高價的時機與地點販賣出去，藉以提高利潤。

因為改革成功，從其他藩來學習的人絡繹不絕，後來方谷就任備中松山藩參政（就是藩的總理大臣）。

另一方面，因為藩主勝靜成為幕府的老中，所以輔佐他的方谷也活躍於中央政界。但是，在幕末激烈的變動中，幕府倒台，身為與幕府親近的大名

13 譯註：為出售年貢米、土產，在各地設置的交易所兼倉庫。

備中松山藩也成為亂臣賊子，由於方谷苦澀的決定及努力，備中松山城沒有流血而和平開城，拯救了藩的覆滅。

之後，他將精力傾注在教育門生上，一八七一年在支援復興的閑谷學校教授陽明學，門生有先前說過的河井繼之助及三島中洲等人，全國學生在千人以上。

明治維新後，新政府再三邀請方谷出仕，不過方谷身為一介民間教育家，最後以七十三歲之齡去世，被世人稱為備中聖人。

說服力不是自然產生的，也不是光耍嘴皮子的技術。
而是要有正確的、一定得這樣做的強烈信念，以熱情為基礎才會誕生。

——松下幸之助

後記

本書可以說是二〇一四年付梓《軍師的戰略》的姊妹作，但在結構與書寫內容上更能應用於現代商業。

另一方面，我會和寫《軍師的戰略》時相比較，若有出現新的資料與史實，多少也會在這本書中提及。

關於真田信繁的「真田丸」，新資料有《淺野文庫諸國古城之圖》中所收錄的「攝津真田丸」，以及松江市松江歷史館於二〇一六年七月公開的真田丸繪圖，這本書中也有稍微提到。

真田三代，昌幸、信幸和信繁都是了不起的武將，但這次重新執筆時，更想著墨於生活艱辛，同時曖曖內含光的信之。

關於織田信長、豐臣秀吉及德川家康的原始出處，部分連載於二〇一〇年岡山經濟研究所的〈岡山經濟〉，是我長年研究的成果。以這個為基礎，然後大幅度修改，就進化成這本書。

能夠向這三位英雄學習之處很多，當然他們也都有缺點，但各具魅力的性格使得缺點瑕不掩瑜。

關於上杉鷹山，我從很久以前就讀過橫山昭男先生所寫的《上杉鷹山》（吉川弘文館），不管是他嚴謹的架構，還是鷹山本身的成長過程都讓我學習到很多，同時也是這本書的參考文獻之一。

另一方面，學生時代就認識的米澤市友人，是上杉謙信、直江兼續和上杉鷹山的熱情粉絲與追隨者，所以我在不知不覺中也受到很大的影響，我多次前往米澤遙想這些歷史人物的過往，重新想起鷹山改革的姿態，就由衷地感到欽佩。

山田方谷的參考資料是《山田方谷全集》（山田準著，明德出版社）。

二〇一六年五月，配合七大工業國組織會議舉辦「G7倉敷教育大臣集會」的活動地點之所以選在倉敷，契機就是因為二〇一五年六月於岡山舉辦的「岡山方谷祭二〇一五」特別論壇，我相當敬佩充滿熱情，又為活動努力奔走的方谷第六代子孫野島透及執行委員會。

有句話說「積善人家慶有餘」，可以說他們對方谷的思念才誕生了「教育大臣集會」，這個集會就像再一次紀念方谷的「餘慶」。

最後，本書完成之際，Cross Media Publishing 的社長小早川幸一郎先生和責任編輯古川浩司先生，都很有耐心且溫暖地等待著我的完稿，承蒙他們的照顧，想藉此至上我最深的謝意。

皆木和義

繽紛 222

名將的戰略——制霸天下的經營管理法則

作　　者／皆木和義
譯　　者／顏雪雪
發 行 人／張寶琴

總 編 輯／周昭翡
主　　編／蕭仁豪
責任編輯／林劭璜
資深美編／戴榮芝
內文排版／郭于緁
版權管理／蕭仁豪
業務部總經理／李文吉
行銷企畫／邱懷慧
發行專員／簡聖峰
財 務 部／趙玉瑩
韋秀英
人事行政組／李懷瑩

法律顧問／理律法律事務所
陳長文律師、蔣大中律師

出 版 者／聯合文學出版社股份有限公司
地　　址／臺北市基隆路一段178號10樓
電　　話／（02）27666759轉5107
傳　　真／（02）27567914
郵撥帳號／17623526 聯合文學出版社股份有限公司
登 記 證／行政院新聞局局版臺業字第6109號
網　　址／http://unitas.udngroup.com.tw
E-mail:unitas@udngroup.com.tw

印 刷 廠／沐春創意行銷有限公司
總 經 銷／聯合發行股份有限公司
地　　址／231臺北縣新店市寶橋路235巷6弄6號2樓
電　　話／（02）29178022

出版日期／2019年2月　初版
定　　價／350元

ISBN 978-957-522-885-9（平裝）

國家圖書館出版品預行編目資料

名將的戰略—制霸天下的經營管理法則/
皆木和義著.顏雪雪譯· -- 初版. -- 臺北市：
聯合文學, 2019.2
288面；14.8×21公分. -- (繽紛；222)
ISBN 978-986-323-295-7(平裝)

494　　108001617